中国历代科技史

元代科技史

「彩图版」

云峰 著

上海科学技术文献出版社
Shanghai Scientific and Technological Literature Press

图书在版编目（CIP）数据

元代科技史 / 云峰著 . —上海：上海科学技术文献出版社 ,2022
（插图本中国历代科技史 / 殷玮璋主编）
ISBN 978-7-5439-8532-2

Ⅰ . ①元… Ⅱ . ①云… Ⅲ . ①科学技术—技术史—中国—元代—普及读物 Ⅳ . ① N092-49

中国版本图书馆 CIP 数据核字 (2022) 第 037057 号

策划编辑：张　树
责任编辑：王　珺
封面设计：留白文化

元代科技史
YUANDAI KEJISHI
云　峰　著
出版发行：上海科学技术文献出版社
地　　址：上海市长乐路 746 号
邮政编码：200040
经　　销：全国新华书店
印　　刷：商务印书馆上海印刷有限公司
开　　本：650mm×900mm　1/16
印　　张：14.75
字　　数：182 000
版　　次：2022 年 8 月第 1 版　2022 年 8 月第 1 次印刷
书　　号：ISBN 978-7-5439-8532-2
定　　价：88.00 元
http://www.sstlp.com

目录

contents

三 045-061
数 学

四 062-080
地理学

五 081–100
农牧业

六 101–119
水利学

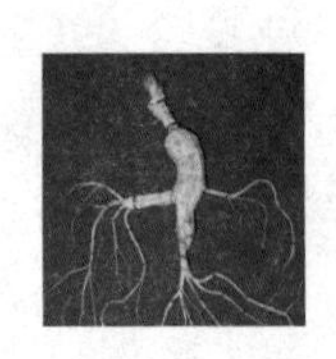

七 120–149

医药学

八 150–170

食疗学与养生学

九 171-188
建筑学

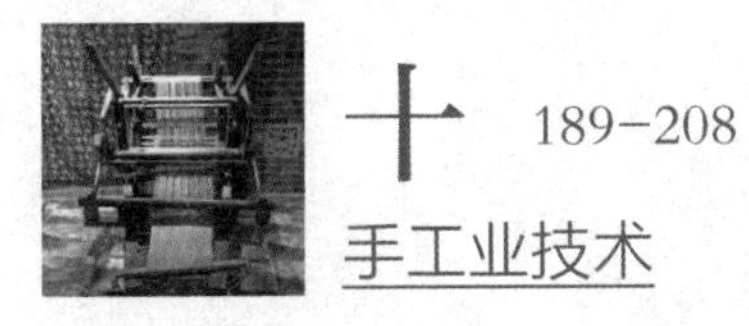

十 189-208
手工业技术

十一 209-225
中外科技交流

十二 226-228
结　语

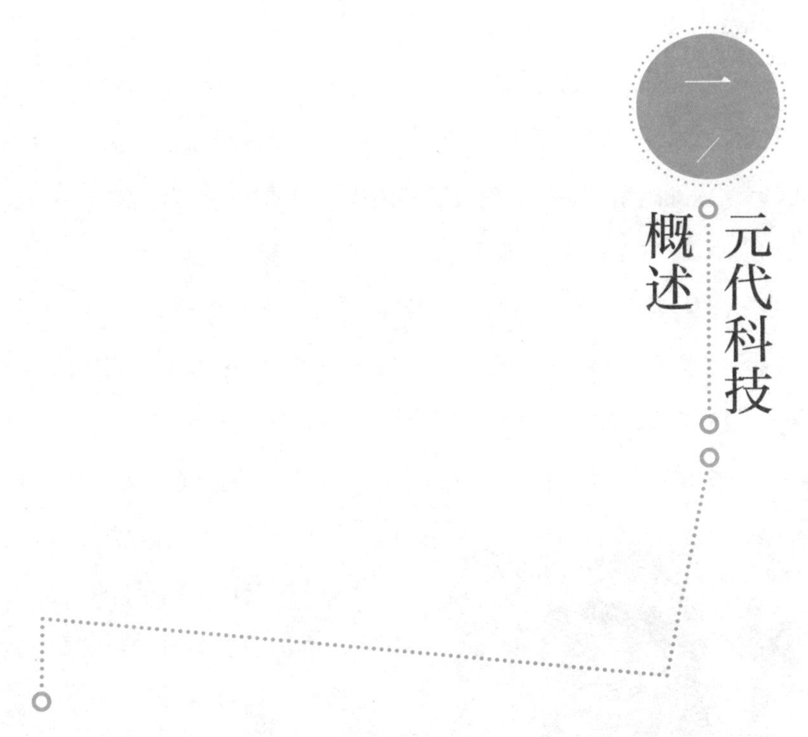

一、元代科技概述

元朝是蒙古贵族建立的，中国历史上第一个少数民族入主中原的统一王朝。

蒙古族是游牧于我国北方草原上的古老民族。据史学界研究，一般认为蒙古族属东胡系统，是由室韦的一支发展而来。“蒙古”这一名称最早见于《旧唐书》，称其为“蒙兀室韦”，《新唐书》则称为“蒙瓦部”，《辽史》称为“萌古”，又有“朦骨”“盲骨子”“萌古斯”“蒙古里”等异译。起初仅仅是一个部落名称，居望建河（今额尔古纳河）之东，是室韦部落联盟的一个成员。后散布在鄂嫩河、克鲁伦河、土拉河的上游和肯特山一带。公元 12 世纪末至 13 世纪初，蒙古孛儿只斤部杰出人物铁木真（1162—1227）把蒙古各部统一起来，于 1207 年被推为蒙古大汗，称“成吉思汗”，建立了蒙古汗国。从此，蒙古汗国所属各部，共用“蒙古”（忙豁勒）这一名称，蒙古作为一个稳定的民族共同体正式形成。

蒙古汗国成立以后，成吉思汗采取了一系列政治、军事措施，在蒙古地区建立了分封制度，设置护卫军，颁布“大札撒”法典，任命“札鲁忽赤”（即断事官）等，巩固了蒙古族内部的统一，发展了蒙古社会政治经济，使蒙古汗国空前强大，蒙古民族呈现出了勃勃生机。接着，成吉思汗及其子孙们又将这种业绩发扬光大。成吉思汗的继承者，其三子窝阔台汗于1234年灭了金朝，1235年，建哈剌和林城（即和林）为蒙古汗国国都，并通过不断的征服战争，统治了亚洲和欧洲的广大地区。按台山（今阿尔泰山）以西的术赤（成吉思汗长子）、察合台（成吉思汗次子）、窝阔台封地，以及旭列兀（成吉思汗四子拖雷之子，伊利汗国创建者）西征后据有的波斯之地，先后成为名义上是大汗藩属实际上拥有独立地位的汗国。1260年，忽必烈（成吉思汗四子拖雷之子）即位，以开平为上都（今内蒙古正蓝旗东20公里闪电河北岸），以燕京（今北京）为中都，将政治中心南移。1271年，取《易经》“大哉乾元”之义，改国号为大元。次年，升中都为大都，定为元朝都城。1279年，元军攻破崖山，宋帝溺死，积贫积弱的南宋灭亡，全国统一。忽必烈史称世祖，其后又传九代，至1368年，明军攻入大都，元顺帝北走上都又转应昌（今内蒙古克什克腾旗西北达里诺尔西）。顺帝继承者据有漠北，仍以元

忽必烈

忽必烈即元世祖，政治家、军事家，是元朝的开国皇帝。他建立元朝，统一全国，改革政体，首创行省制度，定都大都，开凿运河。

为国号，史称北元。明初官修《元史》，以成吉思汗建国至元顺帝出亡（1206—1368）这段时期称元朝，今史学界一般以 1271 至 1368 年为元朝。

元朝建立之初，随着蒙古势力日益深入中原，取得政权，汉地的农业经济逐渐成为元朝立国的根本，政治重心也随之从漠北南移，所以，蒙古统治者非常注意学习汉法。首先，蒙古统治者进入中原后，对具有高度汉文化修养的儒、释、道、医、卜者等文化技术人才非常重视。他们最初对儒者是不够重视的，往往让俘虏的儒士去做苦役。后来通过耶律楚材等人的建议及使用观察，认识到儒者学的是周公、孔子治天下的学问，要管理好汉地，没有他们是不行的。因此，把孔孟的庙祀恢复了，孔夫子后裔也封了官。1235 年打南宋，又命姚枢到军中访求儒、释、道、医、卜者等人物，从俘虏中发现了理学家赵复，将他带到北方传授程朱理学。1238 年考试儒士，对合格者准予豁免身役，并选用他们做官或用他们教书。军中所俘儒士，听赎为民。1261 年政府还重申了儒户免差发的规定。元世祖忽必烈周围，聚集了杨惟中、姚枢、宋子贞、郝经、许衡、张文谦、刘秉忠、窦默等儒学渊博的名士硕儒，以备顾问及讲解经学。对于汉文典籍，元世祖至元九年（1272）置秘书监，掌历代图籍并阴阳禁书。及大兵南发，兵入临安，将南宋秘书省国子监国史院学士院图书由海道舟运至大都秘书所收藏，使大批历代珍贵图书免遭兵火，并在全国广征图书，成为一时佳话。

在统治政策方面也完全继承了汉唐以来的政治经济制度，杂以一些蒙古汗国时的特殊政策。为了顺利施行这套统治政策，蒙古统治者号召蒙古子弟学习汉文化，熟悉中原礼仪政治。早在元太宗窝阔台时期，中书令耶律楚材就召集名儒讲经于东宫，率大臣子弟听讲。又置“编修所”于燕京，“经籍所”于平阳，倡导学习汉族古代文化，又在太宗即位六年（1234）设“经书国子学”，以冯志常为总教习，命侍臣子弟18人入学，学习汉文化。元世祖忽必烈即位后，正式设立了国子学，以河南许衡为集贤大学士兼国子祭酒，亲择蒙古子弟使教之，遍学儒家经典文史，培养统治人才。并开设科举考试，元朝前后共举行过16次，选举蒙古、色目、汉人、南人进士约1100余人。由于蒙古学子无论在考试内容与录取名额方面，都受优待，客观上促进了他们学习汉族文化的积极性和进取精神。另外蒙古帝王们自己带头学习汉文化，推动了学习汉文的热潮。如忽必烈自己就非常熟悉汉文典籍、礼仪制度，并能用汉文创作诗歌。文宗、顺帝等人更是可以纯熟地运用汉文进行创作。并且还以法律的形式规定，太子必须学习汉文。一些入居中原的蒙古贵族，羡慕汉文化，还请了儒生当家庭教师教育子女。为了学习方便还翻译了许多汉文典籍，诸如《通鉴节要》《论语》《孟子》《大学》《中庸》《周礼》《春秋》《孝经》等。

元代蒙古统治者重视学习汉文化，重用汉族官吏及知识分子，推行汉法，使元朝实际上是蒙汉及其他民族地主阶级共同统治的封建王朝，是整个中国历代封建王朝的延续。他们在文化、经济、科技方面既承袭前朝惯例，又有新的积极方面，表现出了多民族交相辉映的时代特色。

社会经济方面，蒙古汗国时期由于连年发动战争，造成人民遭屠戮，农田受破坏，财物被掠夺，工匠等技术人才被驱使的局面。蒙古统治者在初入中原时，一度采取用管理游牧民族的办法来管理较先进的中原汉族地区，使中原地区的社会经济状况出现了倒退。但随着其政治经济重心的南移，成吉思汗的子孙们逐步认识并适应中原地区的封建经济，统治方法也随之改变。特别是到了元世祖忽必烈即汗位，采取汉法，执行一套中国传统的封建统治方法，社会经济走上了恢复和发展的道路。另外，由于元朝地域辽阔，民族间交往增多，对外开放，在农业、手工业、商业和交通运输业等方面得到了发展并具有相应的特色。边疆地区得到开发，各民族的生产技术互相交流，对外贸易空前发达，交通运输业有诸多创举，这些又为科学技术的发展提供了有利条件。

元代与历代封建王朝一样，对赖以立国的农业生产非常重视。世祖忽必烈即位后，采取了一系列发展农业生产的措施。如成立了劝农司以管理指导农业生产，并将农业的发展状况作为考核官吏的主要依据。官方编纂颁行了《农桑辑要》等农学著作以推广先进的生产技术。发布了禁止占用农田为牧场、减免农民租税、在边远地区垦荒屯田、赈济灾民以及兴修水利等诏令，促进了农业生产的迅速恢复与发展。这样使农业人口迅速增加，至元十三年（1276）全国基本统一时，全国共有 9567261 户，约 4800 万口，顺帝（1333—1368 年在位）初年已达 8000 万口。耕地面积也有较大扩展。元初重点在北方屯田，据《元史·兵志》不完全统计，全国屯田面积达 177800 顷之多。在南方主要新开辟田地。如劈山造田、围海造田、围湖造田等。农业生产技术有较大提高。从天时地利与农业生产的关系，到选种、肥料、灌溉、收获等各方面知识，都达到了新的水平。农业生产工具改进更为突出。耕锄、镫锄、耘荡等中耕工具比宋代有所发展。水力机械如水轮、水砻、水转连磨更加完善，灌溉器具开始使用牛转翻车、高转筒车。

蚕豆

蚕豆是人类栽培的最古老的食用豆类作物之一，起源于西伊朗高原到北非一带。中国各地有栽培，以长江以南为主。

粮食产量，在南方比南宋更多，

北方由于屯田、垦荒，也有了很大发展。经济作物，棉花的引种面积由宋时的闽广一带扩展到长江中下游和陕西等地，耕种方法更趋成熟。至元二十六年（1289），在浙东、江东、江西、湖广、福建等地还设立了木棉提举司。苎麻、西瓜、蚕豆也已广泛种植。

手工业生产在元代也受到高度重视。元代手工业主要分官办与民间两部分。其中官办处于主导地位，民间只是补充。官办手工业有一套严密的组织管理机构，分工部、将作院、武备寺、大都留守司、地方政府及诸王贵族属下等多种系统。其产品无论规模数量远远超过宋金时期。主要表现在毡罽业、丝织业、棉织业、麻织业、兵器业、制盐业等方面。毡罽业本是蒙古族等北方草原游牧民族所擅长，他们入居中原后，将此技术也大量带入。其数量不少，花色繁多。仅据泰定元年（1324）随路诸色民匠打捕鹰房都总管府所属茶迭儿（蒙语，意为庐帐）局，一次送纳入库的就有白厚毡2772尺，青毡8112尺，四六尺青毡179斤。品种有剪绒花毡、脱罗毡、半青红芽毡、红毡、染青毡、白袜毡、剪绒毡等十几种。丝织业在南宋的基础上，又有了很大发展。从事丝织生产的织染局遍布全国各地。丝织品种有绡、绫、罗、缎、纱、水锦、克丝、绌、絺、绣等；颜色有红色、黄色、青绿、紫色、褐色、黑色、白色等多种。其中织金锦工艺质量均优于宋代。棉织业随着元代种棉面积的扩大，得到了长足发展，成为一项新兴的手工业。代表人物黄道婆在元贞年间从海南岛返回故乡松江乌泥泾后，传播和改进了海南黎族人民的纺织技术。纺织工具有搅车、弹弓、卷筵、纺车、軠床、线架、织机等。织法有错纱、配色、综线、挈花等。品种有被、褥、带、帨（手巾），上有折枝、团凤、棋局等图案，且印染技术高超，颜色长久不褪。另兵器业、制盐业、铸冶业、陶瓷业、雕漆业也有很大发展。

元代交通运输比以前任何朝代都发达。其中又主要分陆路和水路两部分。陆路有发达的驿道，全国各地设有驿站 1500 多处。在驿站服役的叫站户，与驿站相辅而行的有急递铺，每 10 里、15 里或 20 里设一急递铺，主要递送朝廷、郡县的文书。驿道国内可达乌思藏、大理、天山南北、大漠草原，国外远及波斯、叙利亚、俄罗斯及欧洲其他地区。水路主要指河运和海运。河运方面元代凿通了南起镇江、北达大都的大运河。其中从镇江至杭州的江南运河段，从淮安经扬州入长江的扬州运河段，大体是隋代运河旧道。以北的济州河、会通河、通惠河段为元代重新凿通。这样，使连接京杭的水路交通大命脉京杭大运河全线贯通。海运近海航线几经开辟，于至元三十年（1293）基本形成，由刘家港入海，至崇明三沙放洋东行，入黑水洋，至成山转西，经刘家岛，于莱州大洋入界河口，到直沽。远海航行可通日本、朝鲜、东南亚、印度、波斯湾以至非洲各地。其航海技术也有很大进步。航海家们善于利用季候风规律出海、返航，“凭针路定向行船，观天象以卜明晦”。他们长期积累的观测潮汛、风信、天象的丰富经验，还被编成歌诀。因为有此条件，他们才能航行得更远。明初三宝太监郑和下西洋，也是在此基础上的远洋航行。

元代水陆交通的发达，使中外交往范围空前扩大。当时，东西方使臣、商旅的往来非常方便。元朝人形容说：“适千里者如在户庭，之万里者如出邻家。”同时代的欧洲商人也说，从里海沿岸城市到中国各地，沿途十分安全。这对发展中外各国之间、国内各民族之间的科技文化交流是十分有利的。

农业、手工业、交通运输业的空前发展，以及统一货币——钞，在全国的流通，又促进了元代商业的兴盛。元代国内外贸易主要控制在政府和贵族、官僚、色目人手中。政府对金、银、铜、铁、盐等实行了垄断政策，直接经营，但也有部分金、银、铁等矿业，以及酒、醋、农具、竹木、纺织品等由商人、手工业主经营，政府抽税。特别是一些色目商人，由于有的得到权贵支持，资金雄厚，加之善于经营，因而成为大富贾。一些汉族大商人也有获取高额利润的。其中盐贩致富者尤多。他们对商品流通都起了积极作用。

元代的海外贸易尤其发达，超过了以前历朝历代。政府先后在泉州、庆元、上海、温州、杭州、广州、澉浦等地设立了市舶司，专管对外贸易。市舶司有市舶法则，规定市舶抽分，审核批准出海贸易的船只、人员、货物，发给其公验、公凭。元代与中国有贸易关系的国家和地区，据汪大渊《岛夷志略》记载，中国商人到过东南亚、南亚、西亚、东非各沿海国家和地区多达 97 个。自庆元到高丽、日本的航线畅通，贸易规模也很大。陆路贸易主要通过钦察汗国与阿拉伯国家建立联系。贸易货物从中国出口的物品有缎绢，金锦，麻布，棉布，青白花瓶，花碗，瓦盘，瓦罐，金、银、铁器，漆盘，席，伞，水银，硫黄，白芷，麝香等纺织、陶瓷、药材及日用品。从国外进口的有珠宝、珍珠、象牙、犀角、玳瑁、钻石、铜器、豆蔻、檀香、木材等物品。

商业贸易的发展，促进了城市经济的繁荣。除原有的城市进一步得到发展外，又在内地及边疆出现了不少新兴工业、商业城市。如大都、上都、和林、集宁路城、应昌路城等。特别是京城大都号称人烟百万，是全国的政治、经济、科技、文化中心。马可·波罗说："汗八里（即大都，今北京）城内以及和十二个城门相对应的十二个近城居民之多，以及房屋的鳞次栉比，真是非想象所能知其梗概的。……无数商人和其他旅客为朝廷所吸引，不断来来往往，络绎不绝，凡世界上最为稀奇珍贵的东西，都能在这座城市找到。"[①] 大都城内还有米市、皮毛市、牛

---

① 陈开俊等译．马可·波罗游记第二卷［M］．福建科学技术出版社，1981：111 页．

马市、铁市、骆驼市、珠子市、沙剌（珊瑚）市等集市贸易，商品十分丰富。

元代对外交流空前活跃，是中国历史上对外关系发展的极盛时代。其与阿拉伯及东欧地区的交往主要是通过其西北藩国进行。地处古波斯及部分阿拉伯地区的伊利汗国和统治地域包括乌拉河以东的钦察草原及阿母、锡尔两河下游花剌子模地区的钦察汗国，名义上是元朝的宗藩之国，承认大汗为其宗主，朝聘使节往来频繁，与中国的关系远较前代密切。从斡罗斯和钦察草原通往东方的交通很发达，西方使节、商人到中国来者，多经过钦察汗国介绍。钦察汗国都城萨莱成为沟通东西的国际性都城，转入中国的产品极多。不少中国工匠被派往钦察汗国从事铸造等行业，而钦察、阿速、斡罗斯等族的将卒、工匠等也有不少入居中国。伊利汗国和元朝统治者同属拖雷后裔，关系更比其他汗国密切。世祖忽必烈灭南宋时，就从伊利汗国征召不少当地炮手。伊利汗国境内的波斯、阿拉伯人入元做官、经商、行医和从事手工业者很多，汉族官员、技术人才留居伊利汗国者也不少。双方来往如同一家，经济文化、科学技术交流达到空前规模。元代入居中国的西域各国人极多，他们散居中国各地，被统称为“色目人”，为中国的科学技术发展做出了不小贡献。

元朝与东南亚、南亚、东亚诸国和地区的交往也较密切。元朝诏谕东南亚诸国来朝，许其“往来互市，各从所欲”。如暹国（今泰国）多次遣使入朝通好，暹王敢木丁还亲到大都，并带回不少中国工匠，开创了暹国陶瓷业。爪哇商船经常来往于中国、印度之间，经营国际贸易，获利不少。世祖时，真腊（又译作干不昔、干不察，今柬埔寨）也遣使进乐工、药材等。元人周达观还随使臣出使真腊，归来著成《真腊风土记》，对真腊社会各方面有详细描述。与印度交往主要靠海路，商船络

柬埔寨吴哥窟

吴哥窟，被称作柬埔寨国宝，是世界上最大的庙宇，同时也是世界上现存最早的高棉式建筑。1992 年，联合国教科文组织将吴哥古迹列入世界文化遗产。

绎不绝，贸易十分活跃。高丽（朝鲜）当时系中国附属国，关系自不同寻常。与日本虽然多次发生战争，但双方贸易一直没有停止。

元朝与欧洲国家来往也颇频繁。1245 年，罗马教皇曾派柏朗嘉宾经钦察汗国到和林谒见蒙古大汗，了解当地情况。回去著成《柏朗嘉宾蒙古行纪》。1253 年，法国国王路易九世派鲁布鲁克以传教为名到和林进见蒙哥汗，1255 年返国著有《鲁布鲁克东行纪》。1316 年，意大利人鄂多立克经海路至元大都，参加了泰定帝的宫廷庆典，并在中国留居三年。归国后口述经人记录写成的《鄂多立克东游录》，记录中国各地情况，远及西藏地区，特别是对元大都及宫廷描写较细，是研究中国元朝史地的重要参考书。更为著名的是意大利旅行家马可·波罗，随经商的父亲、叔父于 1275

年到中国，直至1291年才离去，前后侨居中国17年，并曾做过元政府的官吏，对中国非常熟悉。其《马可·波罗游记》对中国进行多角度反映，具有很高的史料价值，受到蒙元史研究者的高度重视。同时，中国人到欧洲的，除征伐的军队外，友好出使的人也不在少数。这些互相来往及相关著作加强了两地相互间了解。

马可·波罗纪念馆

马可·波罗纪念馆位于扬州市广陵区，于2010年经外交部同意、国家文物局批准兴建。馆内展品丰富，全面系统地介绍了马可·波罗的传奇经历。

另外，元朝与非洲地区诸国也有来往，这可见于汪大渊的《岛夷志略》记载。

综上所述，有元一代推行汉法，注重农业、手工业、商业的建设发展，使社会经济取得了长足进步，水陆交通空前畅达，中外交往空前活跃，都为元代的科学技术繁荣发展提供了极为有利的条件。推行汉法，说明其在科技方面继承了前代成果，社会经济繁荣为科技发展提供了可靠的物质保证，交通畅达、中外交往活跃，为吸收世界科技成果创造了条件。正因为如此，才使元代科技取得了丰硕成果。这也正是元代科技繁荣原因所在。元代科技成就主要表现在天文历法、数学、农牧业、医药学、食疗养生学、地理学、建筑学、火炮术及纺织术等方面。

1. 天文历法方面

兴建了上都、大都、登封等处天文台，设立了远达极北南海的27

简仪

简仪是将结构繁复的唐宋浑仪加以革新简化而成，故称简仪。它是一种测量天体位置的仪器。简仪的创制是中国天文仪器制造史上的一大飞跃，也是当时（元代）世界上的一项先进技术。

仰仪

仰仪是我国古代的一种天文观测仪器，由郭守敬设计制造。仰仪现位于河南省登封市告成镇北观星台。

圭表

圭表由“圭”和“表”两个部件组成。圭表是测定正午的日影长度以定节令、定回归年或阳历年的天文仪器。在很长一段历史时期内，中国所测定的回归年数值的准确度居世界第一。

处天文观测站，在测定黄赤大距和恒星观测方面取得了远超前代的突出成就。涌现出了郭守敬、王恂、耶律楚材、扎马鲁丁等一批杰出天文学家。郭守敬等人主持编订了《授时历》，研制出了简仪、仰仪、圭表、景符、窥几、正方案、候极仪、立运仪、证理仪、定时仪、日月食仪等十几种天文仪器。《授时历》将一年分为 365.2425 日，废除了我国编历的传统办法上元积年日法，采用了近世截元法，是人类历法史上的一大进步。此历于至元十七年（1280）颁行，一直沿用了 400 多年。

2. 数学方面

元代是我国数学发展的高峰期，涌现出了一批杰出数学家及重要著作。如李冶及其《测圆海镜》《益古演段》，朱世杰及其《算学启蒙》《四元玉鉴》，蒙哥对古希腊伟大数学家欧几里得《几何原本》的研究，李冶提出的天元术（即立方程的方法）及朱世杰提出的四元术（即多元高次联立方程的解法），是具有世界性影响的新成就。算盘在元代也初具规模。

3. 农牧业方面

刊行了《农桑辑要》《农书》《农桑衣食撮要》等三部书，标志着元代农牧业方面所取得的成就。《农桑辑要》由元政府主持编纂，全书分七卷十篇，对元及其以前的作物栽培、牲畜饲养做了总结，并保存了大量的古农书资料，对推广农牧业技术，指导农牧业生产有重要作用。《农书》为著名农学家王祯所著，全书分"农桑通诀""百谷谱""农器图谱"三大部分。王祯认为要不违农时、适时播种、因地制宜、及时施肥、兴修水利才是取得农业丰收的保证。其中关于棉桑种植的内容尤其具有现实意义，其中绘制了 306 幅各种农具、农业机械图，对提高耕作技术有显著作用。《农桑衣食撮要》为维吾尔族农学家鲁明善所著。此书重在实用，按月记载农事活动，特别还涉及游牧生产，可补《农桑辑要》及其他古农书之不足。

4. 医药学方面

史称“金元四大家”的医学家中有两位生活在元朝。李杲师承刘完素，强调补脾胃，创立了“补土派”，著有《脾胃论》《伤寒会要》等。朱震亨拜罗知悌为师，发展了刘完素火热学说，主张以补阴为主，多用滋阴降火之剂，后人称其为“滋阴派”，著有《格致余论》《局方发挥》《伤寒辨疑》等书。外科骨伤科方面成就更为突出，危亦林在麻醉与骨折复位手术上有创新。滑寿精于针灸。另外，少数民族医药学传入中原，涌现出了萨德弥实（蒙古族）、爱薛（回族）等少数民族医学家。

5. 食疗养生学方面

食疗学方面以忽思慧的《饮膳正要》、元政府编纂的《居家必用事类全集》、贾铭的《饮食须知》、倪云林的《云林堂饮食制度集》为代表。《饮膳正要》作为我国第一部食疗营养学著作，举凡314种饮食品种，详细介绍了其制作过程、烹调技艺、避忌适宜及其医疗作用，在中国食疗营养史上占有重要地位。养生学方面，以长春真人邱处机关于养生的论著、李道纯关于气功养生的专著《中和集》、李鹏飞的《三元延寿参赞书》、萧廷芝的《金丹大成集》为代表。

6. 地理学方面

《元一统志》的编纂、河源的探索、《舆地图》的问世及大批游记类著作的出版是其主要成就。《元一统志》由政府主持，扎马鲁丁、虞应龙具体负责。该书对全国各路府州县的建置沿革、城郭乡镇、山川里至、土产风俗、古迹人物均有详细描述，具有较高史料价值。至元十七年（1280），忽必烈命女真人都实探求黄河河源，认为星宿海（火敦脑儿）即河源，比较接近实际。潘昂霄还据此撰成《河源志》。道士朱思本考察了今华北、华东、中南等广大地区地理形势，参阅《元一统志》等地理学著作，以“计里划方”法，绘制成《舆地图》，成为元朝地理学及中国地图史上划时代的人物。游记类地理学著作有耶律楚材《西游录》、李志常整理的《长春真人西游记》、周达观《真腊风土记》、汪大渊《岛夷志略》等，对我国及国外的地理地貌、风土人情、贸易来往等颇多描绘，颇具史学价值。

7. 建筑学方面

元代疆域扩大，城市经济繁荣，为建筑学发展提供了条件。元代新建或修缮的城市有元大都、元上都、和林城、集宁路城、应昌路城等。元大都是当时世界上规模最大、最宏伟壮观的城市之一。另外，由于

元大都遗址公园

元大都遗址公园位于北京市朝阳区，是集历史遗迹保护、市民休闲游憩、防灾应急避难于一体的现代城市遗址公园，也是研究北京城址变迁的重要实迹。

广胜寺

广胜寺始建于东汉桓帝建和元年，唐代改称广胜寺。飞虹塔、赵城金藏、水神庙元代壁画，并称为“广胜三绝”。1961 年被国务院公布为第一批全国重点文物保护单位。

元代推行宗教信仰自由政策，佛教与伊斯兰教建筑技术也大量涌入中原。佛教建筑以今山西洪洞县的广胜寺与大都妙应寺白塔为代表，伊斯兰教建筑以今北京、杭州、西安等地的清真寺为主。这些建筑已开始呈现出与中原传统建筑布局、技术融合的趋势。具有北方草原游牧民族风格的蒙古包也受到各族人民的喜爱。

另外在火炮术方面，元代研制出了我国兵器史上第一个金属管形射击火器——火铳。陶瓷术方面，继承宋代诸窑烧制技术，形成自己特色，花色品种增加，陶瓷器成为对外贸易的重要商品。印刷术、造船术、航海术、水利工程技术等方面也有很多新的成就。

元代科学技术的发展除继承前代成果外，还有自己鲜明的时代特色。

一是，大批少数民族科学技术及其科学家进入中原，为繁荣中华科学技术做出了自己的贡献。在天文历法方面，以契丹族天文学家耶律楚材和回族天文学家扎马鲁丁为代表。耶律楚材曾编订有《西征庚午元历》，扎马鲁丁负责司天台，并曾进《万年历》和造西域天文仪器。蒙古族、藏族、彝族古老的历法也丰富了中国古代的天文历法学。在数学

妙应寺白塔

妙应寺白塔位于北京阜成门内大街路北的妙应寺内，这座白塔是中国现存年代最早、规模最大的藏传佛教佛塔，也被称为世界八大塔之一。1961 年，妙应寺白塔被国务院公布为第一批全国重点文物保护单位。

火铳

火铳是世界上最早的金属射击火器，属于火门枪。它的出现，使热兵器的发展进入一个新的阶段，也为后来的战争形式和军事技术的发展开启了新的篇章。

方面，身为蒙古大汗的蒙哥研究欧几里得的《几何原本》，他被视为中国数学史上研究《几何原本》的第一人。在农牧业方面，畏兀儿人（今维吾尔族先人）农学家鲁明善著《农桑衣食撮要》，是元代三大农书之一。在医药学方面，蒙古族医学家萨德弥实的《瑞竹堂经验方》，共 15 卷 15 门，载治疗各种疾病的成方数百个，以其丰富的内容和卓有成效的药方在我国药物学史上有一定影响。此书所载药方很注意北方的寒冷气候及蒙古族游牧生活实际，有不少治疗骨伤及风寒湿痹的方剂，有的时至今日仍为医家所使用。蒙古族、藏族、维吾尔族等民族医药学历史悠久，各有成就，亦是中华医学宝库中的重要财富。蒙古族擅长骨伤外科的治疗，是元代在骨伤外科学方面取得突出进步的推进剂。少数民族地区的不少药材及其独特治疗方法也传入内地。如放血、热敷、埋沙疗法等。食疗养生学方面，以元宫廷饮膳太医、蒙古族营养学家忽思慧的《饮膳正要》为代表。此书不但在我国营养学史上占有重要地位，而且还反映了当时国内各少数民族及中外人民的饮食文化交流。其中介绍了不少蒙古族、维吾尔族等人民的食物及其营养保健作用。地理学方面，女真人都实亲探河源。建筑学方面，藏传佛教、伊斯兰教建筑技术传入汉地，蒙古地区建起数座城市。纺织技术方面，黄道婆向海南黎族人民传授纺织技术，推动了我国纺织业的发展。等等。这些无疑对元代的科技发展起了实实在在的作用。二是中外科技交流空前活跃。中国古代的重大科技发明如印刷术及火药武器等技术在元代西传，促进了西方国家的科技进步。波斯、阿拉伯素称发达的天文、医学等成就，也在元代被大量介绍到中国。元代设有西域星历、医药二司，大都、上都设有药物院。医生除为宫廷服务外，还有不少人散在各地行医，很受民间欢迎。各种西域药物、医法输入中国，丰富了中国的医学宝库。元代还设有司天台，以扎马鲁丁为提点，并吸收了不少西域天文学者在其中工作。扎马鲁丁仿制的一套西域仪象，包括浑仪、天球仪、地球仪等七种，对郭守敬研制天文仪器颇多启发。波斯、阿拉伯的天文历法、数学、医药学、史地等各类书籍于元时也大量传入中国，仅秘书监所存者即达百余部，其中包括蒙哥进行研究的兀鲁里底（欧几里得）几何学著作。世祖忽必烈下令修建大都城，也有阿拉伯建筑家也黑迭儿参加。由于东西方贸易的兴旺，西域的玉石、纺织品、食品及珍禽异兽等也源源不断输入中国。据忽思慧《饮膳正要》载，不少食物及烹调技艺也传入中国，受到中国人喜爱。另外，旭烈兀西征时，曾带去不少中国炮手、天文学家、医生等，后来多留居波斯。在波斯，著名天文学家纳速剌丁·徒昔奉命建马拉本天文台，编制天文表，均有中国学者参加工作，徒昔向他们学习了中国天文推步之术。徒昔主持编制的著名《伊儿汗历》中就包含有中国历法的内容。在波斯著名史学家拉施特主编的《伊利汗的中国科学宝藏》里，介绍了中国历代医学成就。中国的制瓷术等还传到了东南亚及非洲，促进了其制瓷业的发展。综上所述，中外的科技交流促进了各自的科技进步，元代正好为这种交流提供了比以前历代都优越的条件。

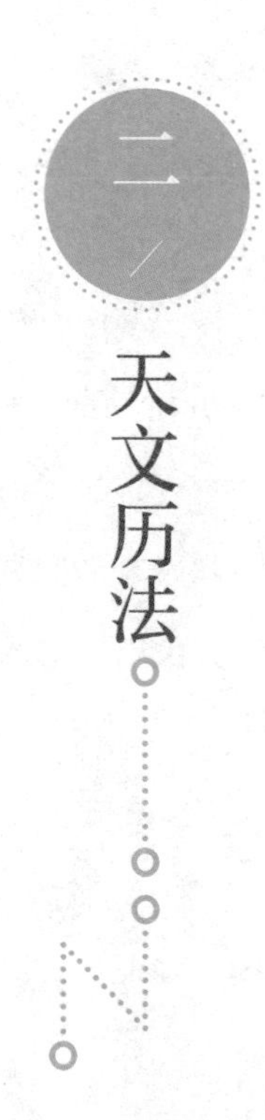

二 天文历法

我国是世界上天文历法发展最早的国家之一。早在3000多年前的殷商时代遗留下来的甲骨卜辞里，就有不少关于天文现象的记载。在其后的历朝历代里，我国古代的天文学亦得到了长足的发展。特别是到了元朝，一方面继承前人的丰富成果，另一方面吸收阿拉伯诸国的天文知识，加之国内诸少数民族天文学家及其成果的加入，使我国的天文学研究事业得到了空前的发展，达到了当时世界的最高水平。其主要原因是统治者的重视。宪宗蒙哥与世祖忽必烈都是关心天文学研究的代表人物，忽必烈更是组织各方面人才开展天文历法的研究，兴建了多处天文台，制造了大批的天文仪器，派人到各地进行大规模的天文观测，制定颁行了《授时历》，当时涌现出了许多著名的天文学家如郭守敬、王恂等人。

（一）天文台的兴建及天文观测活动

1. 天文台的兴建

天文学的发展离不开天文台的兴建和大量的实地天文观测。元代在上都（今内蒙古正蓝旗境内）、大都（今北京）、登封（今河南省登封市）等地修建了多处天文台。

（1）上都天文台

1271 年，世祖忽必烈在上都主持兴建了上都天文台，并任命扎马鲁丁负责具体工作。《元史》卷九十记载："至元八年（1271）始置司天台"，卷七又载："设司天台官属，以扎马鲁丁为提点。"提点即此天文台的最高领导者，相当于现在的天文台台长。同时有一套完整的行政机构，叫司天监，掌管观测天象、制定历法工作。工作人员除提点外，尚有"司天监一员，少监二员，监丞二员，品秩同上。知事一员，令史二员。通事兼知印一人，奏差一人，属官、教授一员。天文科管勾一员，历算科管勾一员，三式科管勾一员，测验科管勾一员，漏刻科管勾一员，阴阳人一十八人"。可见其规模之宏大，管理之严密。

据对上都天文台遗址的考察，知其位于上都故城北门位置间。东西 132 米，南北 52 米，高约 12 米，平面呈凹字形。它的两侧和城墙连成一体，为整个城垣的组成部分，但高于城墙，后壁突出墙各 1 米。土木结构，分三组五个建筑面，残存物只有一些长方砖、手印纹方砖及黄、蓝、绿、孔雀蓝等色琉璃残筒瓦，说明台上原应有其他建筑物，符合中国传统的城阙建筑形式。

（2）大都天文台

据史料记载，大都天文台系元世祖忽必烈于 1279 年批准兴建。其地选择在"都邑东墉下"，即今北京建国门外泡子河北。又名灵台。由太史院主管。整个建筑南北 100 丈，东西 25 丈，高 7 丈，共三层。下层为太史院办公地点，中层收藏图书及室内仪器，上层为露天观测台并放置仪器之所。这些仪器据《元史》记载有浑天仪、简仪、仰仪、星晷定时仪、高表、候极仪、正仪及仪座等。

大都天文台建筑规模宏大，设备仪器完善，工作人员众多，管理也十分严格。其负责时间之人观测高表、仰仪、日晷，并结合滴漏数据校准；负责历算之人则在中层查阅资料，计算新的历法。白天晚上均有人工作，工作人员白天负责整理前夜观测结果，拟订当夜观测计划，夜晚分不同方向操作浑天仪、简仪等，使之凝视着深邃的夜空。观测项目包括日月出没、未命名之星、日食月食、天极位置、彗星流陨、异常天象等。遇有异常天象，当晚还需整理出来，上奏朝廷。

元大都天文台是当时世界上规模最大、设备最完善、管理最科学的天文台之一。明清两代又对其进行了修葺扩建。

（3）登封天文台

登封天文台又叫“观星台”，遗迹在今河南省登封市东南 15 公里的告成镇境域，世祖至元十三年（1276）修建。今保存比较完好，是我国以至世界的重要天文遗迹之一。其组成结构主要包括：一是由回旋踏道簇拥着的巍峨台身，二是由台身北壁凹槽内向北平铺的石圭。台身颇似覆斗，高 9.46 米，连小室通高 12.62 米。台顶平面呈方形，每边长 8 米多，底边 16 米多。台北壁正中的凹槽进壁是测影的“高表”。直壁与石圭间隔 36 厘米，是横梁下垂悬球之地，用以检验横梁和石圭间的垂直关系及高差。石圭与直壁、横梁是一组观测日影的仪器。梁影投在圭上，圭就像一把尺子，可以量出表影长度，故又称“量天尺”。另外，登封天文台上当时还放有各种天文仪器和计时仪器，是一座规模较大、设备颇完善的天文台，对元代的天文学发展起过很大作用。

观星台

位于河南登封的观星台，由盘旋踏道环绕的台体和自台身北壁凹槽内向北平铺的石圭两个部分组成，台体呈方形覆斗状，四壁用水磨砖砌成。1961 年，观星台被国务院公布为第一批全国重点文物保护单位。2010 年 8 月，包含观星台在内的登封“天地之中”历史建筑群被列为世界文化遗产。

元政府除修建了上都、大都和登封天文台外，另在南海（今广东）等地也修建了大小不等的多处天文台。

2. 天文的观测

大批天文台及天文观测站的修建设立，以及元代的疆域空前扩大，为天文观测提供了良好的条件。至元十六年（1279），元著名天文学家郭守敬上奏元世祖忽必烈说：“唐一行开元间令南宫说天下测景（影），书中见者凡十三处。今疆宇比唐尤大，若还远方测验，日月交食分数时刻不同，昼夜长短不同，日月星辰去天高下不同，即目测验人少，可先南北立表，取直测景。”（《元史・郭守敬传》）郭守敬的建议得到了元世祖的同意与支持，于是在原有上都、大都、登封等五处司天监、天文台的基础上，在元朝统辖的范围内陆续建立了 27 所观测台站。其范围之广、覆盖面积之大为前代所无。其最北的北海测景所，据推算应在北纬 64° 5′ 的地方，已达北极圈附近；最南的南海测景所亦达占城（今越南南方）。《元史》卷一三《世祖纪》十记载，至元二十二年（1285）三月，曾遣太史监侯张公礼、彭质等前往占城测候日晷。

正是在这种非常有利的条件下，元代不少天文学家与监侯官分道外出，远达极北、南海进行实地天文观测。他们“由上都、大都，历河南府、抵南海，测验晷景（日影）”（《元史·世祖纪七》）。这样大规模的实测活动，只有元朝这样疆域空前扩大、中外交流空前活跃的历史时期才能实现，“是亦古人之所未及为者也”（《元史·天文志一》）。由于这些科学家的努力，元朝天文观测在测定黄赤大距和恒星观察方面，取得了远超前代的突出成就。

黄赤大距是指黄道面与赤道面由于不在同一水平面上而相夹形成的角度，元代称其为“黄赤道内外极度”，现代天文学上称其为“黄赤交角”。这个交角就是地球赤道面和地球公转轨道面的交角，其数据为天文学中最基本的数据之一，它的精确与否直接影响其他计算结果。元代以前，由于观测精度不高，长期以来一直认为黄赤大距为 24 度。元代时郭守敬等人利用新制的天文仪器对黄赤交角进行了重新测量，得出“黄赤内外度，据累年实测，内外极度二十三度九十分”的数据，并用数学方法进行了验证，“以圜容方、直、矢接勾股为法，求每日（日、月）去极，与所测相符”（《元史·郭守敬传》）。这个数据折合现代的度分秒是 23° 33′ 5.3″，与现代天文学对黄赤交角的理论推算仅相差 1′ 6.8″。这在六七百年以前是非常了不起的事情，在当时世界范围内也是最精确的数字。元代前后，有不少天文学家测定过黄赤交角。如 10 世纪初的著名阿拉伯天文学家阿尔·巴塔尼测得其为 23° 53′，15 世纪中亚天文学家兀鲁伯测得其为 23° 30′ 20″，均没我国元代所测精确。

元代对恒星的数据测定也是非常先进的。我国古代对于恒星位置的观测，主要是以观测二十八星宿为基础的。古人把黄道附近的星分为二十八宿，每一宿用一星作代表，称为“距星”，两距星之间的距离称为“距度”。这一距度的测定工作，在古代天文测量中具有重要意义。元以前曾进行过五次距度测量，但误差较大。以北宋崇宁年间的一次为例，其绝对误差总和为 4° 32′，平均为 9′。而元郭守敬等人所测绝对误差总和为 2° 10′，平均只有 4.5′，比前精确度提高一倍。另外元代郭守敬等人还对二十八宿中杂座诸星进行了测量，测出前人未命名星 1000 多颗，总数达 2500 多颗，而欧洲文艺复兴前所测的星只有 1022 颗，可见其在世界范围内亦属领先地位。

（二）天文仪器的制造

元代天文台站的建立、天文观测的广泛开展，从观测手段现代化的角度来看，促进了天文仪器制造水平的提高；反过来，天文仪器制造水平的提高又促进了天文台站的建立与天文观测的进一步深入开展。如郭守敬就说：“历之本在于测验，而测验之器莫先仪表。今司天浑仪，宋皇裕中汴京所造，不与此处（指大都天文台）天度相符，比量南北二极，约差四度；表石年深，亦复欹侧。”（《元史·郭守敬传》）

所以，元代对天文仪器的改进制造非常重视，先后制造了简仪、仰仪、圭表、景符、窥几、正方案、候极仪、立运仪、证理仪、定时仪、日月食仪、悬正仪、座正仪等。这些仪器“皆臻于精妙，卓见绝识，盖有古人所未及者”（《元史·天文志一》）。

1. 简仪

简仪是世祖至元十三年（1276），在元政府主持和领导下，由郭守敬等人参与设计，对古代的浑仪进行了重大改革后创制的。元以前所使用的浑仪，将测量赤道坐标、地平坐标和黄道坐标等三种不同坐标的构件都装在一个系统内，环非常多，致使环圈相互交错，遮挡了视线，影响使用。元简仪不但取消了原浑仪的白道环（月球视运动轨道），而且又取消了黄道环（太阳视运动轨道），并且把地平坐标（由地平圈和地平经圈组成）和赤道坐标（由赤道圈和赤经圈组成）分成了两个独立的装置。简仪的赤道装置由四根斜立的支柱托着一根正南北方向的轴，围绕此轴旋转的是赤经双环。赤经双环两面刻着周天度数，中间夹着窥管，窥管可绕着赤经双环的中心旋转。窥管两端架有十字线，这就是后世望远镜中十字线的发轫。只要转动赤经双环和窥管，就可以观测空中任何方位的一个天体，并能从环面的刻度上读出天体的去极度数。紧挨赤道圈的里面，固定着百刻环。百刻环等分 100 刻，又分成 12 个时辰，每刻又分作 36 分，用来测定时间。为了便于赤道圈的旋转，简仪还应用了滚珠轴承装置。这要比达·芬奇发明滚动轴承早 400 多年。

元简仪是我国科技史上的珍品，其制造水平遥遥领先于世界 300 多年，直到 1598 年丹麦天文学家第谷发明了新的仪器，才可与简仪媲美。西方天文学家德雷尔在评价简仪的历史意义时说："中国 13 世纪时已有第谷式赤道浑仪，更惊人的是，他们还有同第谷用以观测 1585 年的彗星以及观测恒星和行星的大赤道浑仪相似的仪器。"[①] 可惜元简仪在清初被法国传教士纪理安（任职于钦天监）别有用心地当作废铜烧掉了。现存南京紫金山天文台的简仪系明正统年间的仿制品，可也遭八国联军破坏而不完整了。

---

① 李约瑟. 中国科学技术史第四卷《天学》第二分册［M］. 科学出版社，1975：486 页.

2. 仰仪

仰仪是铜制的中间空的半球面仪器，像一口朝天的大锅。半球的大圆面上刻着东、南、西、北和十二时辰，半球面上刻有与观测地纬度相应的赤道坐标。大圆面上用竿架着一块板，板上有小孔，小孔正好对着半球面的球心上，太阳光通过小孔在半球面上投下一个圆形的倒像映在坐标上，据此可读出太阳在天空上的位置。仰仪的优点是无须直接用肉眼观看强烈的太阳即可得出太阳的位置，并可直接观测日食的方向、亏损及时刻。

3. 圭表

圭表是我国古代通过观日中影长变化以测定时间，求得周年常数、黄赤道交角，确定春分、夏至、秋分、冬至等，以及编制历法所用的天文仪器。其中“圭”与“表”是两个不同部件。“表”是垂直立在地面上的标杆，“圭”是从表下端向北延伸出的一条石板，圭表成垂直状。每当正午时，表的影子就落在圭上面，可根据表影长短来测定时间和一年四季变化。我国从汉代起即用铜、铁作圭表，但由于铜铁圭表较短，加之太阳半影干扰，影长尺寸很难精确测定。虽然不同时期均有人想出不少的改进办法，如沈括、苏颂等人，但均收效甚微。直到元代郭守敬等人对圭表进行了改造，才提高了其精确度。元代改制的圭表主要是把宋代八尺长的表提高到 36 尺，表上再用两条铜龙抬着一根很细的横梁，使梁心到圭面达 40 尺。由于高度增加，加之不再测量圭表的表端投影，而改测附于表端之上的横梁投影，所以使投影清晰，提高了精确度。圭的刻度很精细，有尺、寸、分、厘、毫。现存河南登封元代观星台的石圭，由 36 方青石圭面和砖砌圭座组成，长 31.19 米，宽 0.53 米，高 0.56 米，石圭水平程度较好，石圭方位与当地子午线方位在时隔 700 多年后仍相符合。

4. 景符、窥几

几景符、窥几都是圭表的专用附件。

景符是为了弥补圭表“景虚而淡，难得实影”的缺陷而创制的。其原理为，在太阳过子午线时，将一中间有小孔的薄铜片装在一个小架上在圭面来回移动，使太阳光通过小孔，利用几何光学中的微孔成像原理，在圭面上形成一米粒大的、中间带有一条细而清晰的横梁影子的太阳像，从而克服了由于日光在空气中的散射造成表顶影子落在圭面上不清晰的弱点。用这种清晰的横梁影子来确定圭面日影长度，可精确到±2毫米以内，这是旧圭所不能达到的。

窥几，形如一长方桌，桌面开一长缝，两边刻上度数，将桌放在圭面上，其缝对正南方向。人可在桌下从缝中直接观测星、月，得到和太阳影长性质一样的量。是辅助圭表测量星、月影长的仪器。

（三）《授时历》的成就

我国古代对颁布历法非常重视，它是皇权的象征。因此历代频繁改历，致使元以前的历法多达70余种。但由于历法是衡量一代天文学发展水平的集中体现，所以随着时代的发展，这些历法多有不够精确之处。元初本袭用金之《大明历》，后发现有误差，于是至元十三年（1276）世祖忽必烈着手改历。“遂以守敬与王恂，率南北日官，分掌测验推步于下，而命文谦与枢密张易为之主领。”（《元史·郭守敬传》）经过郭守敬、王恂等人四五年的努力，在实地科学观测的基础上，并参考前代历法，终于编订出了新的历法《授时历》。《授时历》取“敬授民时”之意，于至元十七年（1280）颁布。此历在当时“自古及今，其推验之精，盖未有出于此者也”（《元史·历志一》），并打破了我国古代或假托于黄钟或附会于易象的治历习惯，全以晷影实测计算而得，开后世新法之源。

《授时历》的卓越成就主要表现在“考正者七事”“创法者五事”。

考正七事：一，精确地测定了至元十七年（1280）的冬至时刻。二，测定回归年长度及岁差常数，即第一年冬至到第二年冬至的时间为365日24刻25分。古时1天分为100刻，亦即1年为365.2425日。按现代的测定，一回归年的时间为365.24219日，与《授时历》相比1年仅差0.00031日。如以小时计，即今测1回归年为365日5时48分46秒，《授时历》为365日5时49分12秒，相差26秒。现在世界通用的阳历，即罗马教皇格里高利十世于1582年颁行的《格里高利历》与《授时历》的测算完全相同，而前者比后者晚300多年。三，测定冬至日太阳的位置，认为太阳在冬至点速度最高，在夏至点速度最低。四，测定了月亮在近地点时刻。五，测定了冬至前月亮过升交点的时刻，亦即冬至时月亮离黄白交点的距离，并进一步利用此数据测定了朔望日、近点月和交点月的日数。六，测定了二十八宿距星的度数。七，测定了二十四节气时元大都日出日没时刻及昼夜时间长短。

创法五事：求出太阳在黄赤道上的运行速度；求出月亮在白道上的运行速度，亦即月球每日绕地球运行的速度；从太阳的黄道经度推算出赤道经度；从太阳的黄道经度推算赤道纬度；求出月道和赤道交点的位置。

另外，《授时历》还正式废除了上元积年日法，采用了近世截元法。所谓“上元积年”是我国古代编历的老传统，“上元”就是在过去的年代里，一个朔望日的开始时刻和冬至夜半发生在一天；“积年”就是从制历或颁历时的冬至夜半上推到所选上元的年数。历法家为了找到一个理想的上元，往往牵强凑合。《授时历》不采用这种方法，而以至元十七年（1280）作为推算各项天文数据的起点，即近世截元法，这是历法史上的一项重要贡献。

郭守敬

郭守敬，元朝著名的天文学家、数学家、水利工程专家。其代表作《授时历》是当时世界上最先进的历法。

《授时历》是我国古代最先进的历法，表明了元代天文学的高度发展。自颁行后，沿用 400 多年，是我国流行时间最长的一部历法。

（四）杰出的天文学家郭守敬

元代天文历法学的高度发展是离不开郭守敬、王恂等一批科学家的刻苦努力与杰出贡献的，其中尤以郭守敬的贡献为著。郭守敬不仅是一个杰出的天文学家，而且还是一位杰出的水利地理学家、机械制造专家。

郭守敬，字若思，1231 年出生于元顺德邢州（今河北邢台市）。幼年丧父，由其祖父郭荣抚养长大。郭荣知识渊博，精通五经数学和水利等，并喜交游，与当时学界、政界名人刘秉忠、张文谦、张易、王恂等人均为同窗好友。这样的家庭环境对郭守敬产生良好影响，使他从小就认真读书并喜欢自然科学。后拜刘秉忠为师。刘秉忠是当时著名的天文学、地理学家，

刘秉忠

刘秉忠是元代政治家、文学家。曾祖于金朝时在邢州任职，因此移居邢州。他是一位很具特色的人物，对一代政治体制、典章制度的奠定发挥了重大作用。

青少年时曾出家为僧，后还俗受到世祖忽必烈重用，曾任元参领中书省事、同知枢密院事等职，并主持设计了大都城。

郭守敬在祖父和老师的教诲下，学问大有长进。他十五六岁时就掌握了不少天文历算知识，并习惯于钻研问题。一天，他得到了一幅宋代人燕肃创制的计时器“莲花漏”的图样。经过认真探索琢磨，他很快就弄清了其构造原理，并详细讲给别人听，受到人们称赞。这期间他还根据《书经》中的“璇玑图”，自己动手用竹篾扎制了一架浑天仪，安装在家门口的小土台上。每当晴朗的夜晚，郭守敬就用这土仪器观测二十八宿和其他亮星。另据史书记载，郭守敬 20 岁时还细心观察和勘测自己家乡附近的地形并参加整治了三条河道。

世祖中统三年（1262），郭守敬 32 岁，经张文谦推荐，世祖忽必烈在上都召见了他。郭守敬向世祖提出了 6 项发展华北平原水利事业的建议，深受世祖赞赏：“任事者如此，人不为素餐矣。”（《元史・郭守敬传》）当即命郭守敬为提举诸河渠，第二年又加授副河渠使。至元元年（1264），郭守敬随张文谦视察西夏（今甘肃宁夏一带），修复了不少被战争破坏的河渠，为发展当地农业生产作出了贡献，当地人民为了纪念他的功绩，在河渠上为他修建了生祠。

至元二年（1265），由于郭守敬在水利建设方面的突出贡献，元廷授予他都水少监。郭守敬感到自己学有所用，于是又向朝廷提出了一系列建议。他建议应修复中兴（今宁夏银川）至东胜（今内蒙古托克托县）的河道以利漕运；引卢沟河水至燕京西山一带，一方面利于灌溉农田、发展生产，另一方面方便河运。世祖深以为然，并下令执行。至元十二年（1275），元军统帅伯颜在率军南征之际，令郭守敬视察河北、山东一带可通舟船者，守敬详细考察并绘图上报，为统一全国起了积极作用。

至元十三年（1276），世祖忽必烈命郭守敬具体负责测算制历之事。郭守敬与许衡、王恂等一批科学家一起，首先将前代所留仪器收集一处，反复研究其构造特点，并率人不辞辛苦地在大都甚至远达南海进行实地观测，考察了旧仪器的不足，提出了一整套改革创制新仪器的方案。随后请来高明的工匠和他一起，搭起了高大的工棚，动工冶铸。先后创制了简仪、仰仪、圭表、景符、窥几、七宝灯漏、星晷定时仪、水运浑象、日月食仪、玲珑仪等一大批先进仪器。

郭守敬创制的这些先进仪器的性能已见前节介绍，其简仪是在分析研究了旧浑仪上每一道环的作用和相互之间的关系基础上研制的。他毅然去掉旧浑仪那些不必要的和作为支架的圆环，把保留的圆环从层层套圈中分离开来。使浑仪用来测量不同坐标的圆环分开，而后各自独立设置成两组基本的圆环系统，即赤道装置和地平装置。它的特点是每个装置的结构都非常简单化，使用起来既方便精确度又高。同时他还把浑仪上的窥管改为窥衡，瞄准时只要将要测的星星和窥衡上的细线中点连成一线，与今天视场中的十字丝瞄准位一样道理。在简仪的读数上采用了十进制，将一度分成十格，利用一个测微装置读到小数第二位即 1% 度，称为分。这与前人相比是一个重大的进步。他制作的圭表，在原来基础上增加了高度，并附属有景符、窥几等仪器，巧妙地解决了圭表测量精度的难题，使圭表测量精度大为提高。

至元十六年（1279），元世祖忽必烈为了加快新历制定的步伐，改太史局为太史院，并任命王恂为太史令，守敬为同知太史院事，给印章、立官府。郭守敬当面和世祖谈论制历事，常常至日落西山，世祖毫不显倦怠。这一方面说明世祖求贤若渴，重视科技文化事业，另方面也说明郭守敬的卓越才能。明君贤臣相得益彰，于是郭守敬又提出在更大范围进行实地观测。“帝可其奏，遂设监侯官一十四员，分道而出，东至高丽，西极滇池，南逾朱崖，北尽铁勒，四海测验，凡七十二所。”（《元史·郭守敬传》）经过数年的努力，新历终于在至元十七年（1280）告成，取名《授时历》。郭守敬在新历告成后上奏世祖的表文中详细介绍了新历的成就，即“所考正者凡七事”“所创法凡五事”。并叙述了自黄帝以降我国历法情况，可视作我国元以前的简明历法史提纲。可见郭守敬的渊博知识。

至元十九年（1282），新历虽颁行，但计算等还未有定稿，时王恂已卒，靠郭守敬将其整理分抄并附考证藏之于官。全书分 105 卷。至元二十三年（1286），郭守敬继任太史令。

至元二十八年（1291），郭守敬又为燕京及河北一带的水利事操心，向世祖忽必烈提出十一事，详细陈述了修建大都水利工程的意见。世祖准奏，并复置都水监，使守敬主其事。至元三十一年（1294）拜守敬为昭文馆大学士，知太史院事。元仁宗延祐三年（1316）守敬卒，年 86 岁。

郭守敬是我国历史上最杰出的科学家之一，他在勤学苦干、崇尚实际作风指导下，既虚心学习前人成果，又敢于打破框框改革创新，表现出多方面的科技才能，尤其在天文历法与水利建设方面的成就，得到国内外科学家的高度评价。

（五）耶律楚材、扎马鲁丁等少数民族天文学家

元代天文学的发展处于我国古代高峰期，其间大批少数民族天文学家亦作出了自己的贡献。其中尤以耶律楚材、扎马鲁丁等人的贡献为最。

耶律楚材（1190—1244），字晋卿，号湛然居士，契丹族人。其九世祖是辽朝太祖皇帝耶律阿保机，父亲为金朝尚书右丞耶律履，世代居

耶律楚材

耶律楚材精通汉文，学富五车，是促进蒙古贵族接受中原传统文化的第一人，著有《谌然居士集》。

住燕京。通晓天文、地理、律历、术数及儒、释、道、医、卜等多门学问。金章宗泰和六年（1206）考中进士，曾任金朝开州同知、左右司员外郎。

1215年，蒙古族军队攻占中都（今北京），1218年，楚材被成吉思汗征召到漠北和林，次年随成吉思汗西征。十年而归，成吉思汗去世，其三子窝阔台继汗位后，楚材由于他的远见卓识和治国方略，日益受到重用。1231年被任命为相当于宰相的中书令。在任期间，他极力推行以儒家思想为基础的汉族传统统治方法，在政治、经济、文化等方面提出了不少有利于中原经济恢复发展的政策与措施。窝阔台汗去世，脱列哥那皇后摄政，楚材渐受排挤，不久在郁郁不乐中去世。

耶律楚材作为一个杰出的政治家、一代名相，他为推动蒙古族统治者学习与接受中原农业文明做出了杰出贡献，为以后元世祖忽必烈推行汉法打下了良好基础。同时他作为一个精通天文历法的科学家，为元朝的天文学发展亦做出了积极贡献。

成吉思汗当初召见他，实际也是看中他的天文术数及儒释道知识。他跟随成吉思汗西征，以书记官和星象家身份出现，常以征伐、治国、安民之道劝说成吉思汗，并借为汗观星相或占卜吉凶之机，多次阻止随便杀戮，恰恰这些方面也反映出了他的天文律历才学。如成吉思汗西征出发前曾问耶律楚材出发日期，楚材回答说：“我昨晚观看星相，知道又有杀伐在即，随即占了一卦，以己卯年（1219）最为吉利。”又临出发时正值炎热的夏天，可和林却下起了纷纷扬扬的大雪，成吉思汗深感不祥，于是又去请教耶律楚材。楚材立即占了一卦，回答说：“瑞雪飘扬是好兆头，这次出征一定能打胜仗。”经他一说，成吉思汗坚定了信心，马上率兵出发。还有一次成吉思汗西征进兵至东印度铁门关（乌兹别克斯坦博加拉关），他的侍卫遇见一头怪兽，身高数丈，身子像鹿，尾巴像马，头上有一独角，浑身绿色而有鳞甲，还能讲人话。成吉思汗听后很感奇怪，又去请教耶律楚材。楚材观测天象，推演术数，借机对成吉思汗说：“这是个具有吉祥征兆的兽类，它的名字叫角端，一天能走十万八千里，能说多种语言。它喜欢保全生命，反对随便屠杀，是长生天派来告知陛下的。盼望陛下的洪天大福。”成吉思汗听后相信了八九分，加之其西征进行得也不顺利，于是不久就撤兵归国。这几件事虽然与科学性几无关联，但清楚地表明了耶律楚材精通天文历算的事实。

另外，据《元史》记载，耶律楚材在西域期间曾在“清台”任职。“清台”是从中国汉朝起就设立的一个机构，又叫“灵台”，也就是后世的“司天台”，主要管天象的观测和历法的制定颁布。这期间，西域的一个历法学者曾向成吉思汗奏报，蒙古太祖十五年（1220）五月望日将发生月蚀。楚材说不会，结果真的没有发生。楚材根据自己推算说：“明年的十月将要发生月蚀。”西域这位历法学者也提出反对意见，可到时真的月蚀景象出现了。说明耶律楚材当时已经能够比较准确地推算出日月蚀的时间了。

但楚材的这种推算主要依据是金朝的《大明历》，《大明历》以中国中原地区为准，在西域由于地理位置的差异，照搬就会出现程度不同的误差。他当时说十月将发生月蚀，日子是说对了，可原说子时月蚀达到最高峰，结果众人一起等候，却初更时月蚀就出现了。这种现象提醒了耶律楚材，照用《大明历》不行，要找出误差的原因。于是，耶律楚材进行了深入研究，发现地上的距离与历法的推算有直接关系。《大明历》所说的子正时，是中国中原的子正时，在西域寻思干城应是初更时。进而提出了“里差”的概念，并结合节气、周天、月转等天象规律，编订了一部新的历法《西征庚午元历》，较好地解决了由于“里差”不同所出现的误差现象。这“里差”其实就是今天所说的“经度”。所以，耶律楚材是在中国首次提出经度概念的人。正是在此基础上，几十年后，苏天爵又发展楚材这个思想而形成了地方时的概念。同时，楚材对天文历法的研究和他编的《西征庚午元历》，也为元代郭守敬、王恂等人进一步发展我国天文历法科学、重新编订新历法《授时历》提供了借鉴。

据《黑鞑事略》一书记载，出使蒙古汗国的南宋使者徐霆，曾于1236年在燕京宣德州看见过耶律楚材自己推算、刻印并颁行的一部新历法。这部历法可能就是耶律楚材在《大明历》基础上编订的《西征庚午元历》，经中书省审核上报由朝廷颁行。可具体审核批准颁行情况及其内容已不得而知。不过，耶律楚材对中国元代天文历法科学的贡献是可以肯定的。另外，耶律楚材在医学、数学等方面也有一定成就。

扎马鲁丁，西域人，世祖忽必烈时颇受重用，至元四年（1267）曾进《万年历》并造西域天文仪器。至元八年（1271），世祖诏立司天台，扎马鲁丁任司天台提点。十年（1273），他以司天台提点充秘书监。二十四年（1287），官集贤院大学士中奉大夫行秘书监事。集贤院“掌提调学校，征求隐逸，召集贤良，凡国子监、玄门、道教、阴阳、祭祀、占卜祭遁之事，悉录焉”（《元史·百官志》“集贤院”条）。扎马鲁丁供职其间，展现了他的渊博知识。另据《元秘书监志》记载，扎马鲁丁在至元二十五年（1288），还负责纂修了《地理图志》。晚年在民间传教。

扎马鲁丁在天文历法方面的贡献主要体现在他编制进献了《万年历》和制造了数种天文仪器。元代对天文历法相当重视，设司天台，延聘天文人才，诏令编制回历。《万年历》亦即阿拉伯历，分太阳历与太阴历两种。前者主要供农牧之用，后者主要用于伊斯兰教的宗教活动。元初所颁者是后一种。此历的颁布，当对其后郭守敬等人创制《授时历》亦起了积极作用。

扎马鲁丁在编制万年历的同时，在大都建立了观象台，制造了七种天文地理仪器。①“咱秃哈剌古”，汉译为“浑天仪”。以铜制成，由内外几环相结，可以旋转，是用来观测太阳运行轨道的仪器。②“咱秃·朔八台”，汉译为“测验周天星曜之器”，即方位仪。是观测星球方位的仪器。③“鲁哈麻·亦·渺凹只”，汉译为“春秋分晷影堂”，即斜纬仪。是用来确定春分、秋分时刻的仪器。④“鲁哈麻·亦·木思塔余”，汉译为“冬夏至晷影堂”，即平纬仪。其建屋五间，屋内为深坑，屋脊开南北向一条横缝，壁上立长一丈六寸的铜尺，用来测定冬至、夏至的时刻。⑤“苦来亦撒麻”，汉译为“浑天图”，即天文图像模型，亦即天球仪。它似浑天仪，但不能转动。⑥“苦来亦阿儿子”，汉译为“地理志”，实即地球仪。⑦“兀速都儿速不定”，汉译为“昼夜时刻之器”，即观象仪，是测量时间、确定方位的仪器。这七种仪器《元史》称作“西域仪象”，而且均使用阿拉伯语名称，故可以确定为是扎马鲁丁仿照阿拉伯天文仪器所制造的。对郭守敬创制天文仪器也肯定会有启迪和借鉴作用的。

扎马鲁丁不仅是一个天文历法与仪器制造专家，同时还是一个地理学家，他作为一个少数民族知识分子，为中华科技文化发展以及中外科技交流做出了杰出贡献。

（六）少数民族历法

元代历法以郭守敬等人编制的《授时历》成就最高，但诸少数民族独具特色的历法又使元代历法更为丰富多彩，形成我国历法主干突出又百花齐放、形式多样的特点。如蒙古族、藏族、彝族、回族、傣族等民族都有自己的历法，既与中原汉族历法有相关之处，又有适应自己生产生活的鲜明特点。

1. 蒙古族的历法

蒙古族早期使用的是自然历法，即以草木纪年。草青为一岁，新月初升为一月。如徐霆在亲历蒙地所写的《黑鞑事略》里说："但是草青则为一年，新月初生则为一月。人问其庚甲若干，则倒指而数几青草。"这是为了适应其游牧生活特点而产生的。随着游牧生产的进一步发展，蒙古族人民又将一年分为冬、春、夏、秋四季。冬季要保护牧场，便于牲畜过冬；春季草青，是发展安排牧业生产的必要条件；夏季草长茂盛，正是抓膘的季节；秋季羊肥马壮，丰收在望。最早的蒙古文文献《蒙古秘史》就记载了蒙古族人民以季节表示时间，如"鼠儿年，秋"等。月份名也常冠以季度名来表示，如"夏的头月"即四月。月份采用阴历，以月亮的循环表示时间，"每见（月亮）圆而为一月"，"见草青迟迟，方知是年闰月也"。以月圆为一月，一年以 12 个月循环计算，以草青来迟调整时间，置闰月。

随着游牧经济与畜牧业的进一步发展，蒙古族人民形成了自己的历法"蒙古皇历"，即十二生肖纪年法，蒙语叫"阿尔本浩牙勒吉勒"。这十二生肖依次为鼠、牛、虎、兔、龙、蛇、马、羊、猴、鸡、狗、猪等

12 种动物，蒙古族人民叫“额尔和屯”。《蒙鞑备录》谈到蒙古纪历时说：“又称年号曰兔儿年、龙儿年。”《蒙古秘史》结尾处，作者在谈该书完成年月时也说：“鼠儿年七月，写毕。”此纪年法以 12 年为一轮回，周而复始，并以鼠年为首。

后来，蒙古族人民又将十二生肖与五行相配合来纪年。并将“金、木、水、火、土”五行中的各行分为“额日”（公）、“额木”（母）。如“木”分一公一母，“水”分一公一母。……这 12 种动物名与“五行”公母依次配合组成木（公）鼠年、木（母）鼠年，火（公）虎年、火（母）虎年等，60 年为一组。蒙古族的这 12 种动物相配五行公母的纪年法是从公元 1027 年 [即火（母）兔年] 开始的。

其后又将五行演化为蓝、红、黄、白、黑五色与 12 种动物相配。这五色又分“比力格”（阴）与“阿日嘎”（阳）。如蓝阳、蓝阴、红阳、红阴……，共变为 10 个。同时又将十二动物也分为六阴六阳，六阳为鼠、虎、龙、马、猴、狗，六阴为牛、兔、蛇、羊、鸡、猪。阳性颜色配阳性动物，阴性颜色配阴性动物，组成蓝（阳）鼠年、蓝（阴）鼠年等，亦配成 60 个一组一轮回。

到了蒙古汗国时期，随着蒙汉文化交流的深入，蒙古族一方面继续延用十二动物纪年法，同时借用中原地区的干支纪年法，或将二者合用。如《黑鞑事略》中说：“其正朔，昔用十二辰之象，今用六甲轮流，皆汉人、契丹、女真教之。”孟珙在《蒙鞑备录》里更明确指出：蒙古“年号兔儿年、龙儿年，至去年改曰庚辰年。”此处庚辰年即太祖十五年（1220）。这说明成吉思汗建立蒙古汗国后除用十二动物纪年外，还改用干支纪年。这在当时不少蒙古文碑文里亦可得到证明。如《1223 年盩厔重阳万寿宫圣旨碑》载“癸未年九月二十四日”，即太祖十八年。另也有“癸未羊儿三月日”的混用记载。

元世祖忽必烈建“元”统一，朝廷中采用汉族传统纪年之法，有“中统”“至元”等。但同时十二动物纪年法也还在用。到了明代，由于喇嘛教的传入，部分蒙古族人民还吸收了藏族的纪年历法，民间则上述几种历法仍在流行。

2. 藏族的历法

藏族历史悠久，据史书记载，公元7世纪左右其使用的阴阳历颇似汉历，藏译作“剥当”或“黑历”。此历系唐文成公主进藏带入的汉历的改造历。它用干支纪年，但以五行代十干，如甲乙为木、丙丁为火、戊己为土、庚辛为金（以铁代金）、壬癸为水；以十二生肖代地支，如子鼠、丑牛等。这期间各代藏王在位年数或年号均用干支法来纪年。

11世纪以后，藏族历史文献中改用拉布琼纪年法。此历受印度所传入的星历（藏译作“白哥”或“白历”）的影响。星历1年等于360日，分为12个月，每月都有一定的代号，颇似黄道十二宫名称。拉布琼历以它采用星历那年为纪元元年，以60年为1世纪。从尼马扎巴传入星历那年起，到1956年，已过15个世纪又32年，故1956年相当于藏历阳火猴年，纪元932年，1980年相当于藏历阳铁猴年，纪元956年。

藏历关于月份的记载，由于年分4季，故每季分3月，称大、中、小月。汉历传入后，也以数序1、2、3称月。使用拉布琼历后，也用望夜月球所在二十八宿作月名。13世纪改以建寅为岁首后，月名与望月所在二十八宿没什么关系了。

藏历闰月与汉历颇不同，它把二十四节气分为“气”和“中”，以没“中”的月份作为前1个月闰月，平均32个半月里有1个闰月。

藏历以合朔定月，每月29.53059日，小月29日，大月30日。这是以月球在二十八宿间移动一周来确定的，但又不以恒星月计算，故每年大小月各占一半。16 世纪后，藏历又创一种通用历，采用空日和重日的办法，使每月名义上都有 30 日。其空日、重日无固定规律，唯每月有 1、15、30 日并 1 日与 15 日必是朔与望为依据。

藏历亦采用 7 日星期周，分别以日、月、火、水、木、金、土标记。每日分 60 水时，1 水时分 60 水雨，1 水雨含 6 息。这样 1 年是 371 日 4 水时 16 水雨 5 息 7 厘，实际所用是回归年 365 日 16 水时 14 水雨 1 息 12.707 厘。

后世藏历以汉历为主，也包括星历内容。

3. 彝族的历法

彝族是个具有悠久历史和文化传统的民族。其先民在很早就具有一些观测天象的知识。如彝族古代曾居住在由北向南流的河流附近，因而

彝族山寨

彝族主要分布在云南、四川和贵州三省。彝族的房屋结构在有的地区和汉族相同。凉山彝族居民住房多用板顶、土墙；广西和云南东部彝区有形似“干栏”的住宅。

称河水源头为北，河流下游为南。又曾居住在横断山脉的峡谷中，彝族人民称太阳落坡为西方，称太阳升起为东方。又设四个副方向，即以牛代表东北，以龙代表东南，以羊代表西南，以狗代表西北。说明其对空间概况有认识。

随着生产的不断发展、天文知识的不断积累，彝族人民制订了自己的历法。有阴阳历和十月历两种。阴阳历是从汉族地区吸收来的，十月历则是自己创造的。

阴阳历与汉族农历一样，都属阴阳历系统。平年 12 个月，闰年 13 个月，闰月最初置冬至节月后，后来采用汉族置闰法，把闰月称作“重某月”或“双某月”。其纪年、纪月、纪日、纪时都采用十二生肖。十二生肖的名称和顺序与汉历一样。每月 30 天，一年 360 天。每月分上下半月，上半月称作明月，下半月称为暗月。

十月历以立春前后为岁首，每年分 10 个月，每月 36 天，另外有 5 天为过年日，全年 365 天。每隔 3 年置 1 闰日，加在过年日中，闰年就是 366 天。此历除回归年长度略嫌粗疏外，月日安排均很科学。它以十二生肖纪年、日，由于每月 36 天，恰好是 3 个生肖周。这样，同一年各月的初一以及所有对应日的生肖均相同，十分整齐，记忆方便。第二年纪日的生肖也只要在上年的基础上，推后过年日的 5 或 6 个即可。彝族的这种十月历也被云南西部怒江上游的傈僳族所采用，只是他们不使用月序，而以过年月、盖房月、花开月、鸟叫月、火烧山月、饥饿月、采集月、收获月、酒醉月、狩猎月命名。

据有关学者研究，彝族十月历产生于公元前，历史比较久远，元时十月历与阴阳历间用，而阴阳历用得更广泛一些。

4. 傣族历法

傣族有自己历法，傣语称“萨哈拉乍”或“祖腊萨哈”，俗称“祖

傣族泼水节

泼水节亦称宋干节，为每年 4 月 13 日至 16 日，首二日是去旧，最后一天是迎新。泼水节是泰语民族和东南亚地区最盛大的传统节日，也是中国第一批国家级非物质文化遗产。

腊历”或“小历”。

傣历属阴阳历的一种，起源可上溯至周秦之际。现行傣历创制于公元 638 年，吸收了汉族历法的一些特点，并采用印度历法的若干数据，结合本民族特点制定。它的回归年长度为 365.25875 日，朔望月为 29.530583 日。正月相当于汉历 10 月，但岁首在傣历 6 月 6 日与 7 月 6 日之间，新年 6 月 6 日约当公历 4 月 15 日或 16 日（清明后 10 日）。

傣历以月相圆缺周期为一个月，大小月相间，大月（单月）每月 30 日，小月（双月）每月 29 日。平年 12 个月，闰年 13 个月，采用 19 年 7 闰法，闰月固定放在 9 月后，也为 30 日。如此配合后，月的长度仍比朔望月长度小，故又规定每隔约 5 年，于 8 月 29 日后，加进 1 日，凡 8 月为 30 日的称为“八月满月”，相仿于公历闰 2 月。平年

354或355日，闰年384日。每月按月份分上下两个半月，上半月15天，下半月15天或14天。

傣历除每月分为上下半月的日序纪日法外，还用干支纪日法和七曜一周法，这和汉族农历一样。傣历的纪时法分时段与时度两种。时段是在一昼夜中先定出四个基本时点，然后将每两个基本时点之间的时间划分为3段，这样全天共分12时段，即相当于12时辰。时度纪时法是把一昼夜分为60时度，每1时度相当于今天通用时间的24分钟。傣历还将一年分为四季。

另外，云南西南边境的拉祜族和佤族也有自己的历法。

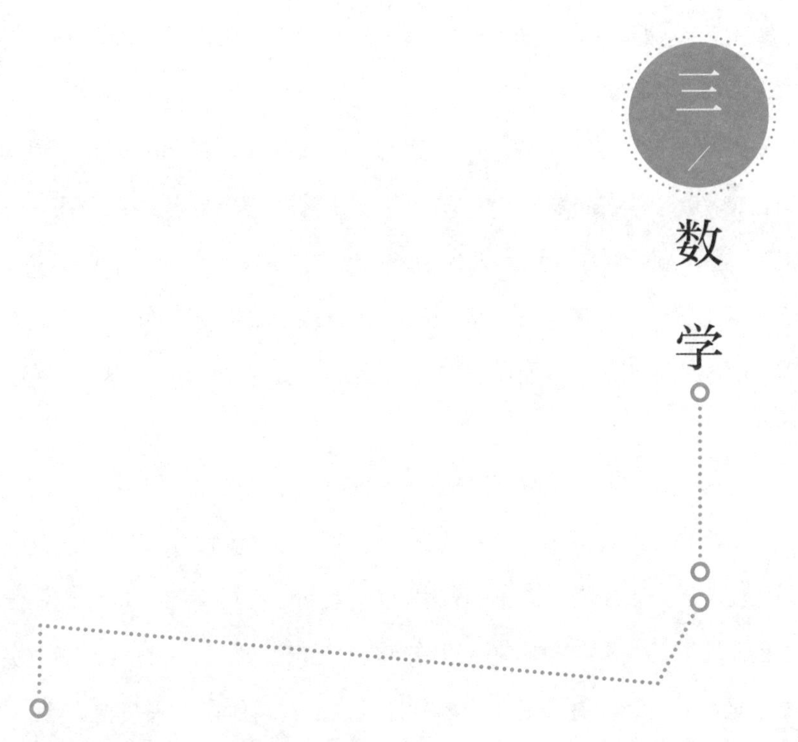

（一）我国古代数学发展的高峰期

我国古代数学经数千年的发展，到宋元时达到了高峰期。而元代更是这种高峰期的顶峰状态。如中国自然科学史研究室数学史组在其《宋元数学综述》一文里说："13世纪下半期（主要指元代）特别值得我们注意。如果说宋元数学是以筹算为中心内容的中国古代数学发展的高潮，那么13世纪下半纪就是这个高潮的顶峰。"[①] 我国已故著名数学史专家钱宝琮先生也说："中国数学以元初为最盛，学人蔚起，著作如林，于数学史上放特殊光彩。"[②] 可见元代数学在我国数学史上所占的重要地位。

① 钱宝琮等．宋元数学史论文集［M］．科学出版社，1966：1页．
② 钱宝琮．钱宝琮科学史论文选集［M］．科学出版社，1983：319页．

元代数学之所以达到我国古代数学的高峰期，其主要标志是涌现出了一批著名数学家及重要著作，提出并解决了一些数学方面的高难问题，取得了杰出成就。

元代著名数学家有李冶、朱世杰、蒙哥等人。李冶著有《测圆海镜》12 卷、《益古演段》3 卷，朱世杰著有《算学启蒙》3 卷、《四元玉鉴》3 卷，蒙哥对古希腊伟大数学家欧几里得的《几何原本》有研究。李冶提出了立方程的方法（即天元术），朱世杰提出了多元高次联立方程的解法（即四元术）及垛积术与招差法。这些都是具有世界性影响的成就。

这些成就的取得是有其深刻的社会原因和数学发展的内在原因的。

从社会政治经济对数学发展的影响来看，元代虽然一度战火连天，但长江下游一带受战争的影响较小，社会经济得到了不断发展，商业贸易也比较繁荣。商业的繁荣就日益向数学提出了要求，怎样才能够更快更准确地进行计算并迅速掌握各种计算方法？元代在南宋“乘除捷法”和各种“歌诀”的基础上，又出现了不少内容更丰富的实用算术书，解决了社会实践向数学提出的要求，从而也促进了数学的发展。如朱世杰的《算学启蒙》就是一本启蒙性的通俗教科书，其中有不少便捷的歌诀如九九乘法歌与归除歌诀等。这样与社会实践的结合，同时又引来了更多的人渴望接受数学教育。祖颐在为朱世杰《四元玉鉴》所作序言中就说：“（朱世杰）周流四方……踵门而学者云集。”莫若的序文也说：“燕山松庭朱先生以数学名家周游湖海二十余年矣，四方之来学者日众。”群众基础的深厚，当然对数学的发展有极大的好处。

不仅在南方如此，在北方，数学也有深厚的群众基础。当时太行山南麓东西两侧的山西、河北部分地区就形成了另一个数学发展中心。如祖颐为朱世杰《四元玉鉴》所作序中，叙述从“天元术”到“四元术”

的发展过程时提到的平阳、博陆、鹿泉、平水、绛、霍山等地，就属此地区。元代著名的天文学家郭守敬、王恂等人未仕元前，就隐于今河北武安紫金山中。这一带在金元时期受战争的破坏不是很严重，经济情况较好，是当时北方的一个文化中心。加之此时这个地区造纸业和印刷业也极为发达，其“平水版”印本书可和南宋的印本书相媲美。这些无疑对数学的发展提供了有利条件。如果说当时南方长江下游一带在改革筹算方面，把筹算系统的计算方法改进到十分完美的地步，那么北方河北与山西南部地区则从设立未知数、立方程和消去法方面（即天元术和四元术），也把筹算发展到登峰造极的程度。

从数学本身发展的内在规律来看，元代数学继承了前代成果并解决了前代所未解决而又亟须解决的问题。如关于“天元术”和“四元术”的发展问题。在我国古代著名的数学著作《九章算术》（约公元 1 世纪）的开方法中，“借一算”已有未知数 X^2 的含意，唐代王孝通在立方程过程中也用到了多项式的计算。到了宋代，数学家们把“增乘开方法”由开平方、开立方推广到开任意高次方之后，“天元术”的形成就剩最后一跃了。金末元初的李冶完成了这最后一跃。当“天元术”的问题解决后，人们自然而然地又会提出解决高次联立方程的问题。朱世杰“四元术”的提出很好地解决了这一问题。“四元术”用上下左右的不同位置来表示高次的四元式，最多不能超过四元，可以说筹算在这方面被发展到顶点了。

另外，数学的发展还与其他学科有密切的关系。如“大衍求一术”（一次同余式解法）和高次的招差法公式与天文历法的推算就密切相关。天文历法的推算需用高次招差法这一数学学科的方法，只有当人们从数学方面解决了一系列的高阶等差级数求和问题（各种垛积问题）之后才能最后完成这一方法。天文历法推算的需要向数学学科提出了问题，数学学科问题的解决又促进了天文历法的发展。所以说，元代的天文历法与数学成就均达到了我国古代的高峰，是与二者相辅相成、互相促进分不开的。

总之，元代数学的发展之所以达到我国古代数学发展的高峰甚至巅峰状态，是由当时特定的社会政治经济环境及数学学科本身的发展规律所决定的。

（二）天元术与四元术

元代数学发展的突出成就主要表现在天元术与四元术，内插法与垛积术的提出与解决。

1. 天元术

我们要运算一个实际问题，一般要分两步进行：第一步要根据问题给出的条件列出一个包括未知数的方程，第二步是解方程求出它的根。天元术就是建立代数方程的一般方法。由于所说的未知数在当时称为天元，所以这种方法就被称为天元术。

中国古代很早就有了方程筹算的表示法，但如何建立方程却还没有一种通用的方法。据史书记载，可能在 12 世纪已有天元术这一一般方程式的雏形，但比较详细的天元术的内容记载最早出现于李冶的《测圆海镜》《益古演段》。亦即从数学史角度看，直到 13 世纪下半期才有了天元术这一普遍列方程的方法的较成熟形态。

元代天元术和现代列方程的方法极为相似。它首先是“立天元一为某某”，亦即现代的“设 X 为某某”的意思，其次再根据问题给出的条件列出两个相等的多项式，令二者相减即可得出一个一端为零的方程。这种以相等两个多项式相减以列出方程的步骤，被称为“同数相消”或“如积相消”。

在天元术中写出一个多项式，常常是在一次项旁记入一个“元”字，或正常项旁记一个“太”字。

天元术只表示一个未知数，即一元。但它设未知数解方程的理念在世界数学史上占有重要地位。在欧洲，16 世纪以前的代数方程式还是用文字来叙述表达的。那时要说明一个数学问题，解一道方程，要用很多文字来说明，简直如写一篇文章。直到 16 世纪法国数学家韦达建议用元音字母代表已知量，用辅音字母代表未知量，数学符号才出现。但它要比我国元代天元术代表未知量晚数百年。

2. 四元术

天元术出现后不久又出现了天元、地元两个未知数，又出现了天元、地元、人元三个未知数，最后推到天元、地元、人元、物元“四元术”，即用天、地、人、物作未知数表列的四元高次方程组。祖颐在为朱世杰的《四元玉鉴》所作的后序中，在叙述由天元发展到四元的过程时说：“平阳李德载因撰《两仪群英集臻》兼有地元，霍山邢先生颂不高弟刘大鉴润夫撰《乾坤括囊》末仅有人元二问，吾友燕山朱汉卿（世杰）先生演数有年，探三才之赜，索九章之隐，按天、地、人、物，立成四元。”李德载、刘大鉴的著作已无传本，关于四元术内容的记载目前主要见朱世杰的《四元玉鉴》。朱氏《四元玉鉴》对高次方程组有固定的记法。

四元术的解题用四元消法，即把四元消去一元变成三元三式，再消去一元变成二元二式，再消去一元就得到一个只含一元的天元开方式，然后用增乘开方法求正根，并用分数表示正有理根或无理根的近似值。以朱世杰的《四元玉鉴》为例，其二元多行式的消法是采用“互隐通分相消”，及所谓“左右进退”“横冲直撞”等方法，即由该方程组经过变形得到一个一元的高次方程。三元式和四元式的消法又采用“剔而消之”法，使该方程式最后亦变为一个一元的高次方程。

运用四元消法可解决求解任意四元高次方程组的问题，使之化为一元进而解决之。在欧洲，高次方程组的消去法问题，只有到了 18 世纪法国数学家别卓（Bēzout，1779）的著作中才有系统的叙述，后又经英国数学家西勒维思特（Sylvester，1840）和凯雷（A.Cayley，1852）等人的工作，方才出现了完整的消去法理论，比我国元代晚 400 到 500 年。并且欧洲数学家们所建立起来的乃是着重讨论消去的可能性以及普遍的消去法理论，在解决具体的多元高次方程组方面，我国元代的消去法至今仍有一定的参考价值。

（三）内插法和垛积术

1. 内插法

已知函数 $f(x)$ 在自变量是 $X_1, X_2, X_3 \cdots\cdots X_n$ 时的对应值是 $f(x_1)$，$f(x_2) \cdots\cdots f(x_n)$，求 X_i 和 X_{i+1} 之间的函数值的方法叫内插法。如果 X_n 是按等距离变化的，称为自变数等间距内插法；如果 X_n 是按不等距离变化的，称为自变数不等间距内插法。元代天文学家郭守敬在编制《授时历》（1280）时曾用到三次差的内插原理。据史书记载，元代数学家已得到了四次差的内插法公式：

$$f(n)=n\Delta+\frac{1}{2!}n(n-1)\Delta^2+\frac{1}{3!}n(n-1)\cdot(n-2)\Delta^3+\frac{1}{4!}n(n-1)\cdot(n-2)\cdot(n-3)\Delta^4$$

这里 Δ，Δ^2，Δ^3，Δ^4 分别代表各级差分的第一个差分。欧洲数学家格里高利于 1670 年才得到类似的公式，比我国元代晚了 367 年。

另外，朱世杰在其著作中还正确地指出了上述四次内插公式中各项系数恰好依次等于前一串高阶等差级数求和公式的结果，因此可以认为元代数学家已经掌握了任意高次内插法的公式。这比欧洲同类结果更早

500 余年。

2. 垛积术

垛积术就是高阶等差级数求和。如果一个级数（例如，1+3+5+7+9……）的每一项减去它的前一项所得到的差都相等，那么这个级数叫作等差级数。如果一个级数（例如 12+22+32+52+……）的每一项底数减去它的前面一项底数所得的差构成一个等差级数，那么这个级数叫作二阶等差级数。如果一个级数的每一项底数减去它的前面一项底数所得的差构成一个二级等差级数，那么这个级数叫作三阶等差级数。以此类推。二阶以上的等差级数统称为高阶等差级数。

元代垛积术成就主要记载于朱世杰的《算学启蒙·堆积还原门十四问》和《四元玉鉴·茭草形段七问》《四元玉鉴·如象招数五问》《四元玉鉴·果垛叠藏二十问》等书中。在此之前的沈括（1031—1095）在其所著的《梦溪笔谈》中就有“隙积术”，并且给出了长方台垛的正确公式。后来杨辉在其于 1261 至 1275 年之间完成的著作中也得到三角垛、方垛、果子垛等公式，但朱世杰为此问题的解决开启了新局面。朱世杰的著作中提出了撒星形、撒星更落一形垛等新的垛积问题，并把招差术进一步推向前所未有的完备境界。正如清代学者阮元所说：“茭草形段、如象招数、果垛叠藏各问，为自来算书所未及。”

元代垛积术的重要成果是得出了三阶等差级数的求和公式。用现在符号表述其公式为：

$$\sum_{r=1}^{1}\frac{1}{p!}r(r+1)(r+2)\cdots\cdots(r+p-1)$$

$$\frac{1}{(p+1)!}n(n+1)(n+2)\cdots\cdots(n+p)$$

其中 p=1，2，……6。

此公式和现代所称的“牛顿公式”完全一样。但英国著名数学家牛顿直到 1676 至 1678 年才获得高阶等差级数的求和公式，比我国元代晚了近 400 年。

（四）李冶及其《测圆海镜》《益古演段》

李冶是金末元初的一位著名数学家和文学家、历史学家。他曾名李治，字仁卿，号敬斋，1192 年诞生于燕京大兴城一个官僚家庭，祖籍真定栾城（今河北栾城）。他的数学著作主要在元代刊刻流行并引起学界重视。他的父亲李遹博学多才、能诗善画，曾考取金代进士，出仕后在大兴城胡沙虎手下任职。胡沙虎是个暴虐无道、依势卖权、残害百姓的昏官，李遹与其开展了斗争，但终被排挤打击，退职闲居。期间李遹为防意外，将家属送回栾城老家，而独将少年李冶送到元氏（今河北元氏县）读书。但金代的黑暗统治、官场腐败对李冶产生了很大的影响，他曾在所著《敬斋古今黈》里说："今王不知其然，于其九族之中，号为君子，有徽美之道者可亲而不亲，乃于谗谄邪佞之小人，与之连属也。"表达了上对君王、下对宠臣的不满。

1230 年，李冶到洛阳应试，以自己的才学中词赋科进士并被授官。初任高陵（今陕西西安高陵区）主簿，但因窝阔台汗已率兵攻入陕西而未赴任，旋转任钧州（今河南禹州市）知事。1232 年，蒙古军破钧州，李冶遂弃官微服北渡，隐居于晋北崞山桐川（今山西北部崞县境）专心于学术研究。此时晋北已为蒙古军占领多年，故战事较少，相对安静。李冶寻得这块静地，并四处筹措经费，得到了当地官吏及社会学者名流如王鹗、张德辉、元好问等人的赏识与支持，获得了一个比较好的研究环境。

元宪宗蒙哥元年，李冶转往他少年求学的元氏继续进行研究工作。并在封龙山下置买了一些田产，经济条件有了很大的改善。此期间他与学者文人多有交往，与张德辉及元裕等人关系密切，时人称他们为“龙山三老”。

1257 年，深知汉族知识分子重要的元世祖忽必烈，听从张德辉等人的建议，下令召见窦默、姚枢、李俊民、李冶、魏璜等汉族知识分子。这年 5 月，李冶应召到元上都拜见了世祖忽必烈。拜见中，世祖问李冶治国之道及当时发生地震的原因，李冶在回答中指出，治国之道在于“有法度，控名责实，进君子，退小人”。关于地震，他认为“天裂为阳不足，地动为阴有余……，今之震动，或奸邪在侧，或女谒盛行，或谗慝交至，或刑罚失中，或征伐骤举，五者必有一于此矣”（见《元史·李冶传》）。李冶关于地震的言论虽然落入了唯心谶纬学之套，但他希望去奸邪、省刑罚、止征讨之心可鉴。所以得到了元世祖忽必烈的奖赏。

元世祖中统五年（1264），商挺上书建议世祖编写辽金二史及本朝史，并举荐王鹗、李冶、徐世隆等人。同年，翰林学士王鹗也奏本要求编辽金及本朝史，并提议设立翰林学士院，同时推荐李冶、王磐等人为翰林学士。元世祖诏准，于是李冶又被召为翰林学士参加辽、金、元史的编写，后以老病告退。至元十六年（1279）卒于封龙山故居。

李冶著述颇丰，有《测圆海镜》12 卷、《益古演段》3 卷、《泛说》40 卷、《敬斋古今黈》40 卷、《文集》40 卷、《壁书丛削》12 卷等数学与文史著作多种。

《测圆海镜》12 卷，至元十九年（1282）刊行，是一部论述天元术的重要著作。全书共 120 问，每问给出的解法或一种或数种不等，比较全面系统地介绍和论述了列天元的方法、步骤，即现代的列方程方法。由于我国古代算术、几何、代数不分家，所以此书虽中心思想是阐明天元术，但它以圆与直角三角形为建立天元术的根据，涉及了不少几何学知识。如圆与直角三角形的若干定理。

《测圆海镜》是我国13世纪中后期天元术的代表作，对后世产生较大影响。特别是清代学者对它研究较多并给予高度评价。李善兰在重刻《测圆海镜》序中说："至今后译西国代数微积分诸书，信笔直书，了无疑义者，此书之力焉。"又说："中华算书无有胜于此者。"

此书以1797年元和李锐受阮元之嘱，根据四库全书本与丁杰收藏本互校，并新设四卒附于"识别杂记"后，又加按语本最为流行。

《益古演段》3卷，是李冶又一部关于天元术的著作，刊刻于世祖至元十九年（1282）。其前身是《益古集》。《益古集》约产生于11至13世纪期间，今已亡佚，李冶的《益古演段》就是对其的演绎与通俗化。李冶在《益古演段》自序中说："近世有某者，以方圆移补成编，号《益古集》，真可与刘（徽）李（淳风）相颉颃。余犹恨其秘匿而不尽发，遂再为移补条段，细翻图式，使粗知十百者，便得入室啗其文。"《四库提要·益古演段》及清人李锐也有类似说法。

《益古演段》与《测圆海镜》二书的关系，后者是对天元术的专门研究著作，前者是天元术的普及性著作，亦即入门书。但二书对天元式各项的表达顺序不同。《测圆海镜》中取消了用地元表示负数次幂，只用一个天元，并采用正数次幂在上、常数与负数次幂在下的排列顺序，而《益古演段》在表达顺序上正好相反。《测圆海镜》用的是古法图式，《益古演段》用的是今法图式。对于二者为何不同，有的研究者认为，采用古法可能是李冶不赞同彭泽用《易经》加以解释的缘故，采用今法可能是为了使天元术表示法与我国古代传统的开方图式相一致，但二书的贡献是突出的。在当时不少学者鄙视天元术这些"九九小技"的情况下，《益古演段》使其简单通俗，便于普及化的作用是值得肯定的。

（五）朱世杰及其《算学启蒙》与《四元玉鉴》

朱世杰是我国元代一位成就卓著的数学家，他的《算学启蒙》与《四元玉鉴》在我国数学史上占有重要地位。可惜这样一位伟大数学家及其生平经历今知之甚略，只能借助赵城《算学启蒙》序和莫若、祖颐的《四元玉鉴》序略知梗概。

朱世杰，字汉卿，自号松庭，籍贯在燕京一带。如赵、莫、祖等人序文都提到“燕山松庭朱君”“燕山朱汉卿先生”，《四元玉鉴》卷首也注明“寓燕松庭朱世杰汉卿编述”等语可证。

朱世杰生活及从事学术研究的年代大约在13世纪末到14世纪初。如莫若序中说：“燕山松庭朱先生以数学名家周游湖海二十余年矣。四方之来学者日众，先生遂发明《九章》之妙，以淑后学。为书三卷……名曰《四元玉鉴》。”祖颐后序中也说：“汉卿名世杰，松庭其自号也。周流四方，复游广陵，踵门而学者云集。”莫、祖二序写于《四元玉鉴》付刻的1303年前后，那么序中所言朱世杰“周游湖海二十余年”，大概发生在13世纪的最后二三十年间，并且，他不仅从事数学研究还从事数学教学工作。

元初由于世祖忽必烈重视汉文化，提倡科学技术，而且我国南北方普遍重视数学的普及与研究，在此基础上，南北方形成了两个各有侧重的系统，各具风采。朱世杰吸收借鉴了南北各自之精华长处，著成《算学启蒙》与《四元玉鉴》。

《算学启蒙》3卷，20门，259问。它包括了乘除、面积、体积、垛积、盈不足、差分、方程、开方、天元术等当时数学的各个方面，形成了一个较完整的体系，是一部很好的入门书。其卷首列一“总括”，包括乘除口诀及常用数据18条，是为入门知识。正文分上中下3卷。

上卷8门，113问。包括：①纵横因法门（8问），即乘数为一位数的乘法；②身外加法门（11 问），即乘数首位数字是 1 的乘法；③留头乘法门（20 问），即多位乘法；④身外减法门（11 问），即除数首位是 1 的除法；⑤九归除法门（29 问），即多位除法；⑥异乘同除门（8 问），即比例问题；⑦库务解税门（11 问），即利息问题和税收问题；⑧折变互差门（15 问），即较复杂的比例问题。

中卷共 7 门，71 问。包括：①田亩形段门（16 问），即各种形状的田亩面积；②仓囤积粟门（9 问），即粮仓容积计算；③双据互换门（6 问），即复比例问题；④求差分和门（9 问），即和差问题；⑤差分均配门（10 问），即比例配分问题；⑥商功修筑门（13 问），即土建工程中各种土方的计算；⑦贵贱反率门（8 问）。

下卷共 5 门，75 问。包括：①之分齐同门（9 问），即各种分数计算；②堆积还元门（14 问），即各种垛积问题；③盈不足术门（9 问）；④方程正负门（9 问）；⑤开方释锁门（34 问）。系统地讲解了利用天元术来解决各种问题的算法。

从上述所列目录来看，《算学启蒙》主要是介绍论述实用算术的启蒙书，同时也包括了当时数学发展的最高成就“天元术”，形成了一套完整的体系。所以清人罗士琳说，《算学启蒙》一书“似浅实深”，并说《算学启蒙》与《四元玉鉴》两书“相为表里”。

《算学启蒙》由于它的实用性与系统性，不仅在我国广为流传，而且还流传到了朝鲜和日本。在朝鲜李朝时，《算学启蒙》被作为教科书，与《详明算法》《杨辉算法》一道作为选拔算官的基本书籍。在日本，自土师道云于 1658 年刊行了《算学启蒙训点》后，有多种注释新编本刊印流行。

《算学启蒙》现流行的版本除清人罗士琳扬州刻本外，尚有清光绪八年（1882）醉六堂本和测海山房中西算学丛刻本等。

《四元玉鉴》是朱世杰论垛积术与四元术的杰出著作。全书3卷，24门，288问。其中上卷共7门，75问；中卷共10门，103问；下卷共8门，110问。但总括全书，所有的问题都和方程式或方程组有关，其解法也都需立天元一，或立二元、三元乃至四元。如全书288问，其中四元方程组7问，三元方程组13问，二元方程组36问，一元方程组232问。

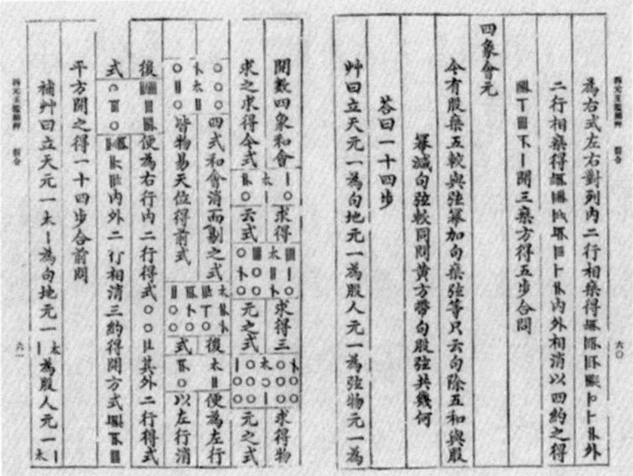

《四元玉鉴》

《四元玉鉴》是中国元代数学重要著作之一，介绍了朱世杰在多元高次方程组的解法——“四元术”、高阶等差级数的计算“垛积术”以及“招差术”等方面的研究成果。

《四元玉鉴》最重要的内容和最突出的成就，一是“四元消法”，即高次方程组消去法问题，二是关于高阶等差级数的有限项求和问题。此二项在中国数学史上占有极重要地位，同时比国外的同类成果也要早几百年。

《四元玉鉴》在15、16世纪虽有流传，但此时学界对其中的天元术和四元术还不甚了了，直到清道光年间（19世纪初）此书重新刊刻，才又引起重视与研究。其中以罗士琳与沈钦裴最为著名。罗士琳参考各种本子，对《四元玉鉴》提出了130余处校改，并对每一问题给出了详草。1834年罗氏著《四元玉鉴细草》出版后，成为探讨《四元玉鉴》的必读书籍。沈钦裴也有关于《四元玉鉴》的细草钞本。20世纪初日本人三上义夫还曾将《四元玉鉴》介绍到日本，其后康南兹也作过英文介绍。

（六）《几何原本》的最早研究者蒙哥

《几何原本》是古希腊伟大数学家欧几里得于两千多年前所写的几何学经典名著。该书在世界数学界产生重要影响，世界上许多民族都用自己的语言翻译出版了这部名著，并进行了广泛深入的研究。

《几何原本》

《几何原本》是欧洲数学的基础，总结了平面几何五大公设，被广泛地认为是历史上最成功的教科书。其在西方是仅次于《圣经》而流传最广的书籍。

在我国见于文献记载的，最早对《几何原本》进行研究的是蒙哥。

蒙哥是成吉思汗系诸王中最有学识的一个皇帝。他是成吉思汗之孙，睿宗拖雷之子。其母怯烈·唆鲁禾帖尼，后晋封为庄圣太后。他生于太祖三年（1208）农历十二月三日，1251 年即帝位，号宪宗。

蒙哥在位期间，派遣其弟忽必烈经营大西南，使西藏第一次纳入中国版图，统一了“大理国”（今云南境），使其再未脱离中央王朝的统治。接着大举发兵攻南宋，为元世祖忽必烈统一中国、建立元朝奠定了基础。同时由于他重视和爱好科学技术，促进了对 13 世纪下半期在今山西、河北一带形成一个数学研究中心。

蒙哥在数学方面亦有卓越知识，《多桑蒙古史》记载说：“成吉思汗系诸王以蒙哥皇帝较有学识，彼知解说 Euclide（即欧几里得）氏之若干图式。”即蒙哥曾解说过欧几里得《几何原本》一书中的若干图式。

蒙哥生活的时期，在元上都曾有欧几里得《几何原本》的阿拉伯文译本。如元代王士点和商企翁所著《元秘书监志》第七卷曾记，“至元十年（1273）十月北司天台申本台合用文书”的书目中，有《兀忽列的四擘算法段数十五部》一种，学者经研究认为就是欧几里得《几何原本》15 卷本的阿拉伯文译本。北司天台所在地的元上都是当时元朝的政治文化中心之一，蒙哥所研究的“若干图式”就是欧几里得《几何原本》的部分内容，他借助的可能就是此阿拉伯文译本，也许他研究的内容在此译本中还反映并构成了其部分内容。可惜《兀忽列的四擘算法段数十五部》今未流传下来，使我们对蒙哥研究的《几何原本》的详细内容难以了解，但蒙哥是我国第一个对欧几里得《几何原本》进行研究的学者是可以肯定的。汉文译本《几何原本》一直到明代才有徐光启所译的前六卷。

蒙哥既然对《几何原本》有所研究，那么他对当时盛行于我国北方的天元术和四元术亦应有所涉猎，可惜也苦于没有记载。不过加之契丹族天文学家耶律楚材、回族天文学家扎马鲁丁在测算天文历法时也大量运用了数学知识，可知元代我国少数民族对中国数学的发展亦做出了自己的贡献。

（七）珠算

通过上述介绍可知，我国元代数学主要是在筹算方面取得了突出成就，并达到了高峰期，而珠算主要是在明代才大量推行运用开来。但珠算之所以在明代达到成熟期，是和元代的开创之功分不开的。

我国关于珠算的记载，最早见于元代。元末陶宗仪在其《南村辍耕录》（1366）卷二十九“井・珠喻”条中说：“凡纳婢仆，初来时曰擂盘珠，言不拨自动。稍久曰算盘珠，言拨之则动。既久曰佛顶珠，言终日凝然，虽拨亦不动。此虽俗谚，实切可情。”以算盘珠来比喻婢仆，贬称其只有靠人拨弄才能行动，并说这是俗谚，可见其流行。说明算盘这

珠算

珠算是以算盘为工具进行数字计算的一种方法，为我国国家级非物质文化遗产。

种新的计算工具当时在我国已颇普及，至少在陶宗仪家乡江浙一带已很普及。

另外，元代一些诗文集中也有不少关于珠算的记载。如元中叶诗人刘因在其《静修先生文集》中有一首关于算盘的五言诗，《元曲选》“庞居士误放来生债”内提到“去那算盘里拨了我的岁数”等。进一步说明珠算在元中后期已得到了普遍应用。

珠算的出现是由筹算演变而来的。筹算数字中，上面一根筹当5，下面一根筹当1；珠算盘中的上一珠也是当5，下一珠也是当1。由于筹算在乘除中出现某位数字等于10或大于10的情形，所以采用上二下五形式，珠算盘也如此。另外，元代许多著名数学家如朱世杰、杨辉、丁巨、何平子、贾亨等人书中为筹算创制的歌诀已十分简捷完备，除“起一”法外与现今流行的珠算歌诀一致。如朱世杰《算学启蒙》“总括”中所列出的“九归除法”口诀：

一归如一进，见九进成十。二一添作五，逢二进成十。三一三十一，三二六十二，逢三进成十。四一二十二，四二添作五，四三七十二，逢四进成十。五归添一倍，逢五进成十。六一下加四，六二三十二……九归随身下，逢九进成十。

与现今珠算歌诀没有多大区别。

这种歌诀本来为筹算设计，但歌诀的便捷与筹码移动的笨拙产生了矛盾，于是人们为了使用起来得心应手便创造出更先进的计算工具“珠算盘”。其歌诀也借用不误。所以说元代数学家为珠算盘的出现打下了基础。

珠算的发明是我国数学计算法上的一件大事，它在元代已有一定程度普及，在此基础上又在明代达高峰，后来还远传日本、朝鲜等国。

四 地理学

元朝版图的扩大、国家的统一、水陆交通的发达便利、中外交往的空前活跃等，都为地理学的发展提供了空前有利的条件，使元代地理学在继承前代的基础上，取得了自己的突出成就。其主要表现为河源的探索、地图的绘制、《元一统志》的编纂、涵括中外地域的游记类地理学著作和地理学家的涌现以及地震和地质学资料的记载等方面。

（一）《元一统志》的编纂

《元一统志》原名《大元大一统志》，简称《元一统志》，是由元政府主持编纂的一部空前完备而丰富的全国性地理志书。全书600册，共1300多卷，按诸路州县史地分别编写，分建置沿革、坊郭乡镇、里至山川、土产风俗、古迹人物、仙释等部分，历时17年，于成宗大德七年（1303）编成。

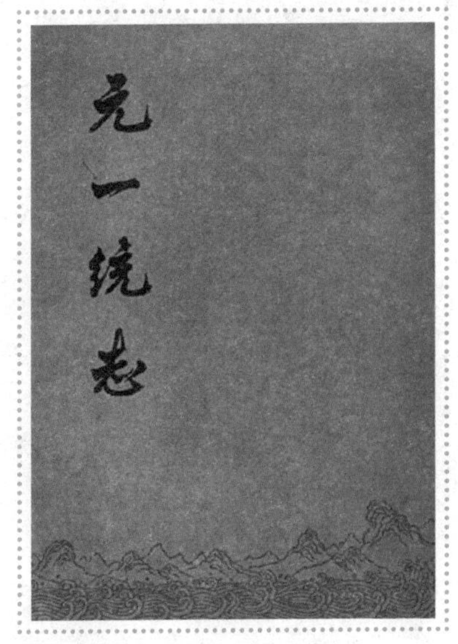

《元一统志》

《元一统志》由扎马鲁丁、虞应龙、孛兰肹、岳铉等主持编撰，是元代官修全国性地理总志。

《元一统志》编纂的起因是由于元朝建立后，全国出现了空前大一统的局面，但全国行政区域发生变更，路府州县的名称也多有改动，加之连年战争，各郡邑的图志也残缺不全，所以客观上极需一部全国性的地理著作。同时，元朝统治者为了更有效地进行统治，显示“皇元疆里无外之大”的盛况，也十分需要编纂一部全国地理著作。正如元人王士点、商企翁在所著的《元秘书监志》中说：“至元二十二年（1285）六月廿五日，中书省先为兵部原掌郡邑图志俱名不完，近年以来随路京府州县多有更改，及各行省所辖地面未曾取会已经开座沿革等事，移咨各省，并札付兵部，遍行取勘。”“至元乙酉（1285）欲实著作之职，乃命大集万方图志而一之，以表皇元疆地无外之大。”可知正是为了解决国家统一与基层地理沿革混乱等的矛盾，并宣扬皇朝威名，元统治者才下令编纂一部地理书。

至元二十二年（1285）七月，元世祖忽必烈下令由秘书监负责修此地理书。具体由扎马鲁丁主持。扎马鲁丁提出三条请求与建议：一，编写地理志的体例可参照当时太史院编的历法与元政府主修的《大元本草》；二，把以前历代所画各路的野地、山林、道里、立堠等变成文字资料以备参考；三，除秘书监的有关人员外，再调虞应龙等人以补人力之不足。元世祖诏准。

《元一统志》的编纂经过两个时期方最后完成。第一时期是从至元二十三年（1286）世祖诏令编修开始，到至元三十一年（1294）止，凡九年，初步告成。这部分主要是关于内地省份的内容。其初名《统同志》，初步完成时改名为《至元大一统志》。如同年《元秘书监志》记："准中书省兵部关发到《至元大一统志》四百五十册，呈解中书省付发下右司收管。"可见其当时只有450册，只是初步完成。第二时期是从成宗元贞元年（1295）至大德七年（1303），凡八年，最后完成共600册的《元一统志》。第二期主要是补充了边远地区的内容和绘了一些图册，属补修性质，由孛兰盻、岳铉等人编纂。

《元一统志》所引用资料除实地补充勘察得来者外，其江南各行省相关内容大半取材于宋《舆地纪胜》和宋元旧志，北方各行省相关内容则取材于唐《元和郡县志》、宋《太平寰宇记》和金、元旧志者居多。边远地区的材料则依靠当时新编的《云南图志》《甘肃图志》《辽阳图志》等书。由于此书保存了宋、金、元旧志中的许多材料，所以在学术上有很高价值。

《元一统志》所引述的事迹，如大都寺观，古迹的壮丽繁多，为他书所未见。记延安路鄜州石脂、石油等情，可补沈括《梦溪笔谈》之不足。延安路范雍、计用章、庞籍、狄青、韩琦、薛奎、王温恭、夏安期、李师中、李若谷、王庶等人事迹均出自《宋史》，但与今本《宋史》多不合，这是因为《元一统志》所据的是元初纂修的《宋史》，与元末脱脱纂修的《宋史》不同。这对于我们研究历史、地质、地理和考古等都是极好的材料。

《元一统志》于明代已散佚，但明朝修《大明一统志》时以《元一统志》为蓝本，清朝编《清一统志》时又以《明一统志》为蓝本，所以，明、清两朝的《一统志》中都保留了《元一统志》的若干材料。今人金毓黻根据《元一统志》残存的零叶，辑成《元一统志残本》15卷，收入《辽海丛书》。金氏又与安文溥合作，根据《明一统志》《元史·地理志》《钦定热河志》《满洲源流考》《盛京通志》及其他有关书籍，辑成《元一统志辑本》4卷，亦收入《辽海丛书》。这个“残本”与“辑本”虽不能再现《元一统志》全貌，但也可窥其一斑，仍不失为学习和研究元朝历史的宝贵资料。

（二）河源的探索考察

我国是个农业大国，历来对河源水系非常重视。而黄河是我国北方最重要的一条大河，是中华文明的重要摇篮之一，所以我国古代人民对黄河倾注了极大的热情。但在历史上，由于受主客观种种条件限制，元代之前人们对黄河的实际情形知之甚略，一些地理书籍中，对黄河的记载也失之模糊甚至谬误。

如在我国最早的地理书籍之一的《禹贡》中曾记载：“导河积石，至于龙门。”积石指积石山，在青海境域，说明在公元前数世纪我国人民已知黄河发源于今青海省。但当时对黄河上游的具体情况还不了解。西汉时期，由于张骞通西域，使地理视野一直扩大到葱岭以西，但黄河源头一带仍为人迹罕至之处。一些旅行到西域的人看到塔里木河东流入罗布泊，误认为这就是黄河上源，由罗布泊潜入地下复由积石山重新出现。如《汉书·西域传》就有这种“伏流重源”的失误记载。此说流传甚久。

唐朝建立后，由于与吐谷浑的交战和吐蕃的交往，对河源有了进一步的认识。《新唐书·吐谷浑传》记载说：“(侯)君集、(李)道宗行空荒之地二千里，阅月次星宿川，达柏海上，望积石山观览河源。”这是公元635年之事，星宿川可能就是星宿海，柏海可能就是鄂陵湖。星宿海亦在今青海。到了公元822年，刘元鼎出使吐蕃曾经过河源地区，

塔里木河

塔里木河在新疆维吾尔自治区塔里木盆地北部，是中国第一大内流河，也是中国最长的内流河。

《新唐书·吐蕃传》记其行程所见说："河之上流由洪济梁西南行二千里，水益狭。春可涉，夏乃胜舟，其南三百里三山中高而四下，曰紫山，直大羊同国，古所谓昆仑也，虏曰闷摩黎山，东距长安五千里，河源其间。"此记载虽较详细，对河源的大致方位也较接近，但对星宿海以西的上源情况仍嫌模糊。

元朝统一全国后，由于中央政府对边区的管理大大加强，所在都设有驿站，交通十分便利，所以为河源的探索创造了有利条件。加之元朝统治者出于政治和发展农业生产的考虑，于是在至元十七年（1280），世祖忽必烈下诏曰："黄河之入中国，夏后氏导之，知自积石矣，汉唐所不能悉其源。今为吾地，朕欲极其源之所出，营一城，浑番贾互市，规置航传。凡物贡水行达京师，古无有也，朕为之，以永后来无穷利益。"（陶宗仪《辍耕录·黄河源》）并授都实为招讨使，佩虎金符出发考察河源。

都实，女真蒲察氏，通多种民族语言。凡三至吐蕃，寻求河源所在，且开辟航道，制造船只，筹建城镇，是我国历史上杰出的旅行家之一。他西往踏勘的路线是由今宁夏启行，往南经过甘南州，再到青海果洛州，到达河源。《元史·地理志》卷六描写都实的行程是："是岁至河州（今甘肃临夏），州之东六十里有宁河驿，驿西南六十里有山，曰杀马关。林麓穹隘，举足浸高。行一日至巅，西去愈高。四阅月始抵河源。"

根据实地考察，都实认为，"河源在吐蕃朵甘思西鄙，有泉百余泓，沮如散涣，弗可逼视，可七八十里。履高山下瞰灿若列星，以故名火敦脑儿。'火敦'译言星宿也。群流奔凑，近五七里，汇二巨泽名阿剌脑儿，自西而东，连属吞噬，行一日，迤逦东骛成川，号赤宾河，又二三日，水西南来名亦里出，与赤宾河合，又三四日水南来，名忽兰，又水东南来，名也里木，合流入赤宾，其流漫大，始名黄河"[1]。

另元代朱思本也从梵文图志翻译了关于河源的记载，与潘著互有详略。

朱思本译本说："河源在中州西南，直四川马湖蛮部之正西三千余里，云南丽江宣抚司之西北一千五百余里，帝师撤思加地之西南二千余里。水从地涌出如井，其井百余，东北流百余里，汇为大泽，曰火敦脑儿。"（《元史·地理志》）以朱译本所记，河源应在火敦脑儿（星宿海）西南 100 多里，都实考察认为河源就在星宿海。据今以约古宗列渠为上源，那元人所说的星宿海应是黄河的重要上源之一。故元人经实地勘察，确实发现了黄河的源头，并给予了较详细的描绘。

---

① 潘昂霄．河源志［M］．此书据都实考察撰成。

云南丽江

丽江位于云南省西北部，滇、川、藏三省区交界处，是国际知名旅游城市，还是古代“南方丝绸之路”和“茶马古道”的重要通道。

（三）朱思本及其《舆地图》

元朝在地图绘制方面，以朱思本的成就最大。他继承了魏晋间裴秀（223—271）和唐代贾耽（710—785）的画方之法，即画图时打上方格，每格代表一定里程。绘制《舆地图》，使他成为元代地理学及中国地图史上的划时代人物。

朱思本（1273—1333），字本初，号贞一，临川（今江西抚州）人。曾学道于江西龙虎山中。龙虎山是道教正一教派的中心。大德三年（1299）他奉命至大都，协助玄教大宗师张留孙、吴全节处理道教事务。到了武宗、仁宗时期，他常奉命代天子祭祀名山河海，同时中朝大夫还让他编绘地图"每嘱以质诸藩府，博采群言，随地为图"（朱思本《舆地图自序》，见《贞一斋诗文稿》卷上）。这两项任务正好与他早想绘制一幅全国性地图以纠正前人地图中谬误的想法吻合，故他对此投注了极大热情。他获得中央有关部门和地方政权的支持，查阅有关资料并进行实地查访，"往往讯遗黎，寻故道，考郡邑之因革，核山河之名实，验诸滏阳、安陆《石刻禹迹图》、樵川《混一六合郡邑图》"（同上）。这样既有书面知识，又有实地考察，为他绘制《舆地图》打下了坚实的基础。

朱思本实地考察历时 20 多年，足迹遍华北、华南、华东、中南诸地区，可谓"跋涉数千里间"。他参考的书籍中，仅就他《舆地图自序》提到的地理学著作就有郦道元的《水经注》、杜佑《通典》、唐李吉甫《元和郡县志》、宋《元丰九域志》等。另外，此时《元一统志》也已编纂完成，亦是他的重要参考书。《元一统志》丰富的资料，特别是其中附有地图，当为朱思本提供了很大方便。

朱思本利用前人成果是有所取舍的，他以自己渊博的地理学知识，剔除那些不够准确的东西，借鉴吸收其合理部分。如在绘法上就吸收了唐贾耽《海内华夷图》与伪齐阜昌七年所刻《禹迹图》中计里画方的方法。具体绘制时又十分严谨细密。据他在《舆地图自序》里说，此图主要以他实地考察的地区为主体，"若夫涨海之东南，沙漠之西北，诸蕃异域，虽朝贡时至，而辽绝罕稽。言之者既不能详，详者又未可信，故于斯类，姑用阙如"。即他觉得自己掌握的材料不够详确，宁可暂时付缺。如关于西北地理的知识，他在翻译梵文《河源志》时就有过接触，但他认为没有实地考察，所以心中没数，暂付阙如。正因为如此，朱思本对自己的《舆地图》十分自信，他在《自序》中说："其间山河绣错，城连径属，旁通正出，布置曲折，靡不精到。"事实也确属如此，朱思本的《舆地图》在精确性上大大超过了魏晋裴秀和唐代贾耽的地图，并且一直影响了明清间的地图绘制。

朱思本绘制《舆地图》从至大四年（1311）开始，至延祐七年（1320）方完成，历时10个寒暑，并刻石于江西龙虎山上清宫之三华院，流传至清初，现原图已失传。朱思本用画方之法，先绘制各地分图，然后合成长广各七尺的《舆地图》。该图以中国为主体、外国作衬映，内容较详细，图形轮廓较准确，系统地使用了图例符号，是元、明、清初各代绘制全国总图的范本。由于图幅过大，不便舒卷，后明人罗洪先依据此图把大幅地图分绘成小幅，刊印成书，取名《广舆图》。所幸罗洪先的刊刻补充，使我们今天仍可见到《舆地图》的概貌。17世纪中叶来华的意大利传教士卫匡国（Martino Martini，1614—1661年）绘制的《中国新地图集》，其主要依据之一就是罗洪先刊刻的《广舆图》。卫匡国由于1655年在阿姆斯特丹出版了他的《中国新地图集》而被誉为“西方中国地理学之父”。可见朱思本不仅是中国元代的著名地理学家、地图学家，而且具有世界性影响。

（四）其他地图绘制

元朝除朱思本外，李泽民也绘有《声教广被图》。李泽民是吴门（今苏州）人，生平经历不详。他在地理学方面亦做出了卓越贡献。李泽民的《声教广被图》惜今已散佚，但从1402年高丽人李荟绘制、权近修订增补的《混一疆理历代国都之图》和罗洪先《广舆图》中个别篇幅，可见出其端倪。权近明确说《声教广被图》“颇为详备”，是他绘制《混一疆理历代国都之图》的基本蓝图之一。罗洪先也将李泽民与朱思本并列称赞，《声教广被图》无疑是他制作《广舆图》的另一重要资料来源。

根据权近与罗洪先二人介绍及其所绘图，学者认为，李泽民绘图指导思想与朱思本有所不同，他很注意绘出“异域”情形。从他《声教广被图》的题目与分标题看，甚至可以说这是他绘制此图的主要目的。当时，阿拉伯地理学已经传入中国，如深受汉地文化影响且又通阿拉伯语的回族地理学家赡思就著有《西国图经》，受到阿拉伯地理学的明显影响。想来李泽民的《声教广被图》亦如此。但特别应提到的一点是，李泽民在《声教广被图》上已把非洲绘成三角形状，而且明示了南端的尖角。现可见的欧洲、阿拉伯地图中，这样绘出非洲南端的最早见于1453年的弗拉·毛洛地图。因此，李泽民的《声教广被图》至少在亚洲部分超过了同时代的欧洲、阿拉伯地图。即使他的地图是在受到了阿拉伯地理学的影响下绘制的，也弥补了一些阿拉伯地理学著作和地图的缺佚与空白。

另外，元政府在主编《元一统志》时，曾在各路卷首部分附有彩色小地图，并在此基础上绘制了我国有史以来的第一部彩色大地图。如至元二十四年（1287）四月《秘书监志》记：“必须置局讲究编类彩画地图，并见阙合用铺陈等物。”又大德七年（1303）记：“先准翰林应奉汪将仕保呈前鄂州路儒学教授方平彩画地理总图，已经移官秘监。依上彩画，去讫，今准前因一同彩画施行。”说明元朝官方在绘制天下地理总图，并且是彩色的。

在我国古代，绘制局部彩色地图在长沙马王堆汉墓出土文物中可见，但绘制彩色大地图者却比较少。直到元代才有绘制彩色大地图的记载。不过此图也与《元一统志》一样，早已散佚，只能从后世记载和推测中略知大概。这幅彩色大地图所包括的地域比以往任何地图都要大，包括了现东北和西南等边远地区。其着色或是根据行政区域的划分涂染不同颜色，或是用颜色区分山川、河流、都城。因为根据至元三十一年（1294）规定，在《元一统志》每路卷首必用彩画地理小图若干，大德七年（1303）确定画全国彩色大地图时又要求“分画纂录，彩色完备”等，可知大地图应该是按行政区划上色的。既然已有分路着色的小地图，当然应该先将其集中起来作为基础，然后调整颜色使之相区别。另外，至元二十四年（1287）又有由“画匠”来“彩画地理图本”一事，可能就是在“分画纂录”的基础上，由专门画工对大地图加以彩绘。这一彩绘就不是简单地对分画的拼凑了，应该对其中山川、河流、都城也上色区别。所以说，元代彩色大地图包括了当时广大地域，用不同颜色区分各行省所在，而又对地形进行了区别。因此，元代彩色大地图在我国地图绘制史上是少有的，在整个地理学史上也具有重大价值。

元代彩色大地图的绘制仍然由秘书监负责，具体人员与《元一统志》的编纂者一样，有扎马鲁丁、虞应龙、岳铉、方平、俞庸委等人。此图可能就是这些作者在编写好《元一统志》后，以地图的形式对文字内容的形象反映。

（五）游记类地理学著作

元代疆域的空前扩大，交通的空前便利，不仅为官方编纂大地理学著作提供了方便，也为旅游外出创造了条件，所以出现了不少游记类地理学著作。如耶律楚材的《西游录》、李志常整理的《长春真人西游记》、周达观的《真腊风土记》和汪大渊的《岛夷志略》等。

《西游录》描写了耶律楚材从大都出发到今蒙古国肯特省的克鲁伦河畔拜见成吉思汗，以及随成吉思汗西征十年所经历的地理方位、山川河流、风俗物产等诸方面。

耶律楚材于1218年从大都出发后，“过居庸（今居庸关），历武川（今内蒙古武川县），出云中（今山西大同）之右，抵天山（指今内蒙古中部阴山）之北”，其间所经之地“涉大迹，逾沙漠”（《西游录》上），书中描写了漠北草原沙漠阻隔的地形地貌。到了成吉思汗行宫又是另一番景象，“山川相缪，郁乎苍苍”。1219年，楚材随成吉思汗西征，取道金山（今我国境阿尔泰山），“时方盛夏，山峰飞雪，积冰千尺许。……金山之泉无虑千百，松桧参天，花草弥谷。从山巅望之，群峰竞秀，乱壑争流，真雄观也。自金山而西，水皆西流，入于西海。噫，天之限东西者乎！”（《西游录》上）同时楚材对今新疆的古回鹘城、轮台县、伊州（哈密）、五端城（和田）、不剌城（今博乐市境）等地的文物古迹、地方特产、湖泊禽鸟也作了描绘。

耶律楚材随军进入印度、阿拉伯等中亚地区后，其所涉及的地名、物产就更多了。如剌思城（哈萨克斯坦境内）、苦盏城（塔吉克斯坦境内）、可伞城（乌兹别克斯坦境内）、讹打剌城（哈萨克斯坦境内）、寻思干城（撒马尔罕，乌兹别克斯坦境内）、斑城（阿富汗境内），以及黑色印度城、搏城等。楚材将这些地名与我国《唐书》等史书所记作了对比考订，并详细描述了其地的山川河流、物产矿藏、气候天文，以及人民生活习俗等，充满异域特色。

《西游录》是研究我国北方地区、蒙古国及中亚诸国历史地理的重要参考书。它于1229年刊印，后还流传到日本等国，今有中华书局向达校注本较为普及。

《长春真人西游记》二卷，是李志常记叙其跟随老师丘处机到中亚拜见成吉思汗经历的游记性地理著作。

丘处机（1148—1227），字通密，登州栖霞人，号长春子。幼年丧父，19岁入山学道，次年拜全真教祖王喆为师。1169年随王喆入关，先后居磻溪（今陕西宝鸡东南）、陇州（今陕西陇县），交结士人，声名渐著。后隐居于栖霞山中，金、宋政权分别来召不赴。1219年，应成吉思汗召请，率弟子西行，次年四月晋见成吉思汗于大雪山（今阿富汗兴都库什山），进言止杀，被称为“神仙”。1223 年东归，住燕京太极宫（今北京白云观西侧），受命掌管天下道教事，全真教得以大盛。

莱州

莱州市位于山东省烟台市西部，西临渤海莱州湾。属胶东丘陵。主要旅游景点有云峰山、大基山、千佛阁、黄金海岸。云峰山摩崖石刻在中国书法史上占有重要地位。

长春真人率其高级弟子一行 18 人，始发山东莱州，经潍阳（今潍县）、青州（今益都）、常山（今河北正定）至燕京。然后又道出居庸，经宣德州（今河北宣化）、野狐岭（今河北万全区）、翠屏口（今河北张家口西）、抚州（今内蒙古兴和县）、盖里泊（今伊克勒湖）、渔儿泺（今内蒙古达里诺湖）到达今内蒙古贝尔湖北达斡辰大王（成吉思汗四子）帐下。又西行经呼伦湖，越过库伦以南的高山，及森林蔽日的长松岭（蒙古国杭爱山）。又经“车帐千百”的窝里朵（行宫），来到金山东侧的科布多附近。筑栖霞观，留弟子宋道安等九人，真人率其他九名弟子继续西行，翻越过“其山高大，深谷长阪”的阿尔泰山，来到准噶尔盆地东侧的博尔腾大戈壁，又越过更高的阴山（天山）进入吐鲁番盆地之北。此处“积沙成山，浮涩难行”“状如惊涛”。又经“周百余里，雪山环之”的天池海，西出今我国新疆境，进入大石林牙（吉尔吉斯斯坦伏龙芝）、撒马尔罕等地。经两壁千仞竦立、石壁如铁的铁门关（今阿富汗库尔勒城北）来到雪海茫茫的大雪山，踏着积雪南进，最后到达行宫（阿富汗东北巴达克山西南）进谒了成吉思汗。

由于李志常一直跟随西行，所以他将长春真人上述经历描写得颇为真实生动。其中涉及从我国山东至中亚沿途的自然景观、山川草木、风土人情等方方面面。如描写蒙古杭爱山一带风景：“有石河，长五十余里，岸深十余丈。其水清泠可爱，声如鸣玉。峭壁之间，有大葱，高三四尺，涧上有松，皆十余丈。西山连延，上有乔松郁然。山行五六日，峰回路转，松峦秀茂，下有溪水注焉。”行文朴实、生动自然。

《长春真人西游记》作为一部游记性地理学著作，不仅在历史地理、宗教民俗、旅游风景方面有许多引人入胜的描写，而且在天文学、生物学方面也很有参考价值，是一部研究 13 世纪我国内蒙古、新疆及中亚地区史地的重要典籍。由于它与耶律楚材《西游录》的描写互有异同详略，所以二书可参照阅读。此书著成后于清乾隆六十年（1795）由钱大昕自《道藏》检出，始传播于世。今有王国维、张星烺及纪流等人的几种注释本较为通俗可读。

《真腊风土记》一卷，是元人周达观所著的一部关于今柬埔寨情况的著作。周达观，自号草庭逸民，温州永嘉人。他于成宗元贞元年（1295）奉命随使赴真腊（柬埔寨），次年到达，留居一年多至大德元年

（1297）始离开。回国后，他即据自己亲身经历写成此书。

《真腊风土记》前有总叙，正文分为城郭、宫室、服饰、官属、三教、人物、产妇、室女、奴婢、语言、野人、文字、正朔时序、争讼、病癞、死亡、耕种、山川、出产、贸易、欲得唐货、草木、飞鸟、走兽、蔬菜、鱼龙、酝酿、盐醋酱面、蚕桑、器用、车轿、舟楫、属郡、村落、取胆、异事、澡浴、流寓、军马、国主出入等 40 条。其中城郭条之州城，所写正是柬埔寨古都吴哥城，所述其建筑、雕刻等与今遗址相合，可知周达观确为亲历其境。

《真腊风土记》是描写柬埔寨历史上文明极盛之吴哥时代（10—13 世纪）最重要的文献，它反映吴哥城及柬埔寨山川地理、政治经济、宗教习俗等多方面，是现存同时人所写的唯一记载，受到研究柬埔寨历史地理者的高度重视。该书中贸易、欲得唐货、器用等条，记有真腊人与唐人通商往来情况，为今天研究中柬关系提供了重要的历史资料。另外，《元史·外国传》未列真腊，所以又可补此书之缺。

《真腊风土记》有元末陶宗仪《说郛》所收本、明嘉靖刊《古今说海》本、万历刊《古今逸史》本、《四库全书》本等多种。1981 年中华书局出版夏鼐的《真腊风土记校注》为目前最好的本子。国外有法、日、英等多种文字版本，其中又以 1951 年伯希和法文译注本最好。

《岛夷志略》一卷，元人汪大渊著。

汪大渊，字焕章，江西南昌人，生卒年不详。据有关史料推断，大约生活于元中前期。他少有奇志，欲学司马迁，曾游历了大半个中国。他觉得中国史书中对于海外事情描写过于简略，于是决心乘附商船出洋游历考察。他曾两次漂洋出海游历东西洋诸国。第一次于至顺元年（1330）经由泉州出海，第二年夏秋回国；第二次于 1337 年又从泉州出海，1339 年夏秋回国。他每到一地，就把耳闻目睹的山川、习俗、风景、物产以及贸易等情况记下来。至正九年（1349）路过泉州，适值泉州路达鲁花赤偰玉立命吴鉴修《清源续志》（清源，泉州旧郡名）。因泉州为市舶司所在地，系海外各国人物聚集之地，对各国风土人情应有记录，遂请汪大渊著《岛夷志》，附于《清源续志》之后。次年，汪大渊归南昌，又将此书单独刊印。

《岛夷志略》全书100条，除末条“异闻类聚”系抄撮前人说部而成外，其余多为作者所亲历，每条大抵记一个国家或地区，有些条还附带提到邻近的若干地方。全书所记达220余国名与地名，涉及地理范围东至今菲律宾群岛，西至非洲。如东南亚的菲律宾、苏禄、加里曼丹、爪哇、苏门答腊、交趾、占城、真腊、缅甸和马来半岛的许多地方，南亚的锡兰、北溜（今马尔代夫都会马累）和印度东海岸的一些地方，以及波斯西南海岸、波斯湾、红海、东非海岸的一些港口，在此书里均有记载。有些是首次见于我国记录。这些记载由于系作者“身所游览，耳目所亲见”，所以较详实可信。

《岛夷志略》还是研究元代海外贸易和14世纪亚非各国史地的重要资料。书中谈到的东西洋诸国的丝绸、陶瓷、金银和金属多来自中国，而在中国市场上出现的香料、象牙、珍珠、翠毛和贵重木材显然又是这些国家的特产。这是当时中外贸易活跃的有力证据。今天从这些地方地下发掘出的青瓷器等文物也可证明。

《岛夷志略》刊印后，受到中外学者的高度重视。近人研究它的主要著作有沈曾植的《岛夷志略广证》、日本藤田丰八的《岛夷志略校注》。美国人柔克义（W. W. Rockhill）所著《十四世纪中国与南洋群岛及印度洋诸港往来贸易考》（*Note on the Relations and Trade of China With the Eastern Archipelago and the Coasts of Indian Ocean during the fourteenth Century*，载1914、1915年《通报》），

将本书一半以上译成英文并加考释。1981年中华书局出版的苏继庼《岛夷志略校释》，集诸家之说，并加考证，为较好的本子。

（六）地震和地质学

元朝在地震和地质学方面，主要是记载了大量的地震发生时间与危害情况，以及地质学方面资料，为后世提供了宝贵材料。

1. 关于地震方面资料

根据《元史》等史书记载：至元二十七年（1290）二月癸未，泉州地震，丙戌泉州又地震。八月癸巳，地大震，武平尤甚，压死按察司官及总管府官王连等及民7220人，坏仓库局480间，民居不可胜计。又至元二十五年（1288）十一月庚寅，咸平大震。二十六年（1289）春正月丙戌，地震。二十八年（1291）八月乙丑朔，平阳地震，坏民庐舍万有八百二十六区，压死者百五十人。（《元史·世祖本纪》）

元成宗大德七年（1303）八月辛卯，夜地震，平阳、太原尤甚，村堡移徙，地裂成渠，人民压死不可胜记。九年（1305）夏四月乙酉，大同路地震，有声如雷，坏官民庐舍5000余间，压死2000余人。怀仁县地裂二所，涌水尽黑，漂出松柏朽木。五月以地震，改平阳为晋宁，太原为冀宁。又十二月丙子，地震。（《元史·成宗本纪》）

元武宗至大元年（1308）六月丁酉，巩昌府陇西、宁远县地震。云南乌撒、乌蒙，三日之中地大震者六。九月丙寅，蒲县大地震。十月癸巳，蒲县、陵县又地震。（《元史·武宗本纪》）

泰定帝泰定四年（1327）三月癸卯，和宁路地震，有声如雷。八月，巩昌府通（渭）县山崩。碉门地震，有声如雷，昼晦。天全道山崩，飞石毙人。凤翔、兴元、成都、峡州、江陵同日地震。九月壬寅，宁夏路地震。（《元史·泰定帝本纪》）

顺帝至元三年（1337）八月壬午，京师地大震，太庙梁柱裂，各室墙壁皆坏，压损仪物，文宗神主及御床尽碎；西湖寺神御殿壁仆，压损祭器。自是累震，至丁亥方止，所损人民甚众。癸未，河南地震。十一月癸亥，发钞万五千锭，赈宣德等处地震死伤者。四年（1338）秋七月己酉，奉圣州地大震，损坏人民庐舍。丙辰，巩昌府山崩，压死人民。八月丙子，京师地震，日二三次，至乙酉乃止。

至正元年（1341）三月己未，汴梁地震。二年（1342）夏四月辛丑，冀宁路平晋县地震，声鸣如雷，裂地尺余，民居皆倾。十二月己酉，京师地震。六年（1346）九月戊子，邵武地震，有声如鼓，至夜复鸣。七年（1347）二月己卯，山东地震，坏城郭，棣州有声如雷。五月，临淄地震，七日乃止。十一年（1351）夏四月，冀宁路属县多地震，半月乃止。丁酉，孟州地震。八月丁丑朔，中兴地震。十二年（1352）二月丙戌，霍州灵石县地震。三月，陇西地震百余日，城郭颓夷，陵谷迁变，定西、会州、静宁、庄浪尤甚。会宁公宇中墙崩，获弩500余张。十四年（1354）夏四月癸巳朔，汾州介休县地震，泉涌。七月，汾州孝义县地震。十七年（1357）冬十月，静江路山崩，地陷，大水。二十六年（1366）六月壬子朔，汾州介休县地震。绍兴路山阴县卧龙山裂。秋七月，徐沟县地震。（《元史·顺帝本纪》）

2. 关于地质方面记载

火山爆发时会有大量火山灰尘飘扬于空中，遇雨或其他情况会落到地面上，叫雨粟，这是一种地质现象。元代有许多雨粟记载，如：顺帝元统二年（1334）春正月庚寅朔，雨血于汴梁，着衣皆赤。至元四年（1338）夏四月辛未，京师天雨红沙，昼晦。至正五年（1345）四月，镇江丹阳雨红雾，草木叶及行人裳衣皆濡成红色。十二年（1352）三月二十三日，黑气亘天，雷电以雨，有物若果核与雨杂下，五色相间，光莹坚固，破其实食之，似松子仁，杭州、湖州均有。十四年（1354）十二月辛卯，绛州北方有红气如火蔽夫。十八年（1358）三月己亥朔，日色如血；辛丑，大同路夜黑气蔽四方，有声如雷，少顷，东北方有云如火，交射中天，遍地俱见火，空中有兵戈之声。

黄土吹向空中，遇雨便会降落地上，这叫作雨土现象。元代有不少雨土记载，如：元世祖至元五年（1268）二月，信州雨土。元成宗大德十年（1306）二月，大同平地县雨沙黑霾，毙牛马2000头。元英宗至治三年（1323）二月丙戌，雨土。元泰定帝致和元年（1328）三月壬申，雨霾。文宗天历二年（1329）三月丁亥，雨土，霾。文宗至顺二年（1331）三月丙戌，雨土，霾。元顺帝至元五年（1339）二月庚寅（朔），信州雨土。

另外，元代地质学方面还值得一提的是石油的开采与沥青的应用。《元一统志》里记载了开凿油井的事实，而西方国家直到1859年才出现了第一口油井。元代时人们已取得石油并会提炼，史书里记载了他们使用沥青补缸的情况。先将缸缝烧热，然后将沥青抹上使融入裂缝中，再用火略烘后涂开，可以永不渗水，比油灰好用多了。

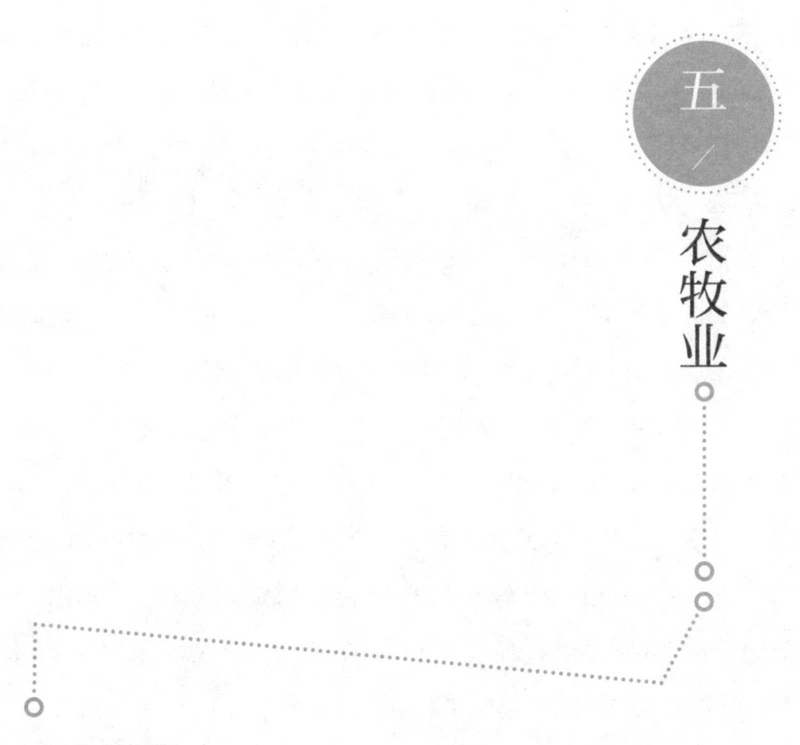

五 农牧业

（一）发展概况

元世祖忽必烈登基建元后，对农牧业生产非常重视，采取了一系列的发展措施。如从中统二年（1261）起，建立了专门管理农业的机构，先称劝农司，后改为司农司、大司农司。这个机构的主要职责是“劝诱百姓，开垦田土，种植桑枣”，即指导督促各地的农业生产。从至元元年（1264）起，又规定以“户口增，田野辟”作为考课官吏的重要标准。另外还编纂《农桑辑要》，推广先进生产技术，保护劳动力和耕地，限制抑良为奴，禁止占民田为牧地，以及招集逃亡，鼓励开荒，发展屯田，减免租税，赈济灾民，发展水利等。这些措施的采取，使元代中前期的农业生产得到了恢复并有了新的发展。

在人口发展方面，至元十三年（1276）全国基本统一时，共有 9567261 户，人口约 4800 万口，到了至元三十年（1293），全国已有人口 14002760 户，人口约 7000 万口。这个数字统计不够准确，元朝户口的最高数当在顺帝初年，人口达到约 8000 万口，人口的增加无疑是社会安定、农业发展的体现，同时促进了农业生产的发展。

元代的屯田主要在北方地区进行。金末元初由于战争的破坏，北方耕地比南方荒芜严重，所以元朝政府除招集流民耕种外，还有组织地派遣军队在北方地区进行垦种。其中又主要集中在今河北、陕西、山东、江淮、四川一带。如枢密院所辖河北军屯，垦田达 1.4 万余顷，洪泽万户府所辖屯田达 3.5 万余顷。边疆地区也广泛开展屯田。据《元史·兵志》的不完全统计，全国屯田面积达 177800 顷之多。南方农垦发达地区，则又主要采取围水和劈山造田。如在江海湖泊之地围田、柜田、架田、涂田、沙田；在多山丘陵之地开辟梯田。使元代耕地面积在战争期间大量荒芜的基础上逐步得到了扩大。

元代的农业生产技术也有很大提高。如从天时地利与农业的关系，到选种、肥料、灌溉、收获等各方面的知识，都已达到了新的水平。农具的改进尤为显著。耕锄、镫锄、耘荡等中耕工具比宋代有所发展。镰刀种类增多，还创造了收荞麦用的推镰。水力机械和灌溉器具也有很大改进，水轮、水砻、水转连磨等更趋完备，牛转翻车、高转筒车已有使用。这些都集中体现在元政府主持编纂的《农桑辑要》与王祯的《农书》等书里。

元代的农作物分布与前朝相比也有所不同。粮食方面，南方以种植水稻为主，北方以种植小麦等作物为主，并且也引种水稻。由于推广优良稻种，全国粮食产量以稻谷为第一位。同时，荞麦、高粱的种植面积也在扩大。经济作物方面，宋末元初是我国植棉业发展的一个转折点。

水稻

水稻原产于中国和印度。中国水稻产区主要是长江流域、珠江流域、东北地区。水稻属于直接经济作物，大米饭是我国民众的重要主食之一。

小麦

小麦是禾本科植物，也是一种在世界各地广泛种植的谷类作物。小麦是三大谷物之一，中国是世界上较早种植小麦的国家之一。

荞麦

荞麦起源于中国，一年生草本。喜凉爽湿润的气候，不耐高温、干旱、大风，喜日照，需水较多。

据史书记载，我国海南岛的黎族和云南西部的傣族在汉代或汉以前就已种棉织布（见《后汉书》《南蛮传》《西南夷传》），西北的维吾尔族人民的祖先也已于6世纪在今吐鲁番等地种植棉花（见《梁书·西北诸戎传》）。但那时产量较少，一般粗布在当地穿用，较精美的棉布曾传到长江流域，被视为精品。如苏轼的《金山梦中作》言："江东贾客木棉裘，会散金山月满楼。"说明北宋时木棉裘在江南还是奢侈品。到了南宋末年，福建、两广和江淮流域的棉花种植已发展起来，特别是到了元初，已成了"木棉，江南多有之"的局面（见《资治通鉴》卷一百五十九，胡三省注）。另外，在园艺、蚕桑等方面，元初江南地区已有很大发展。

元代农业生产与前朝不同的一个最显著特点是，在漠北、东北、西北及西南边疆地区亦得到了很大发展。以元代岭北地区为例，其农业生产的发展在历史上是空前的，辽代曾在胪朐河（克鲁伦河）和镇州（今蒙古国布尔根省青托罗盖）地区经营屯田，但辽亡后就废了。成吉思汗攻金后，将大量汉民工匠带到漠北，一方面让他们从事手工业生产，另一方面让他们种植粮食以自给。如张德辉在《张辉卿纪行》中就记载了他在怯绿连河上游与和林川西见到有汉民居住并从事耕种。元太宗窝阔台时代，在和林地区及谦谦州等地也开始耕种土地。

世祖忽必烈时代，岭北地区的农业生产有了进一步发展。除称海外，怯绿连河、和林、杭海山麓、五条河、呵扎，以至益兰州、谦谦州、吉利吉思等地都先后开辟屯田种地。其中规模较大的有三次。一次是至元十四、十五年（1277—1278）刘国杰等率侍卫军参加讨伐昔里吉之乱，后一部分汉军留戍称海、和林，开辟屯田。一次是大德三年（1299）海山出镇称海，随从他戍守北边的诸卫军经营屯田以助军食。大德五年，成宗派往北边犒军的使者还朝说："和林屯田宜令军官广其垦辟，量给农具，仓官宜任选人，可革侵盗之弊。从之。"（《元史·成宗本纪》）另一次是成宗大德十一年（1307）设立行省后，新继位的武宗又命汉军万人屯田和林，次年秋成，收获达九万余石。同时，和林行省左丞相哈剌哈孙亦命人经理境内称海的屯田，岁得米二十余万石。于是“益购工冶器，择军中晓耕稼者杂教部落，又浚古渠，溉田数千顷，谷以桓贱，边政大治”（见刘敏中《丞相顺德忠献王碑》)。这是岭北行省屯田成绩最显著的一次。

对此特别需要重视的一点是，元代岭北地区农业发展已由原来的以汉军屯田扩展到指导各部落民从事农业生产。使一部分蒙古族人民学会了耕种，开始过半农半牧的生活。此外，至元中刘好礼奏请选派中原人到益兰州等处，教当地人耕种；大德初年，朝廷给晋王所部（在怯绿连河上游一带）屯田农器牛具，并增其屯田户（见《元史·刘好礼传》卷一百六十七)。这些都充分说明元代岭北地区农业生产得到了很大的发展，并且为畜牧业做了重要补充，在岭北行省经济发展中起了重要的作用。

另外，在东北的金复州（今辽宁省大连市金州区)、瑞州（今辽宁绥中西南)、咸平（今辽宁开原北)、茶剌罕（今黑龙江绥化市庆安县一带)、剌怜（今黑龙江阿城南）等地，西北的别失八里、中兴、甘州、肃州、亦集乃等地，云南的威楚（今云南楚雄)、罗罗斯等处，也进行了屯田。将中原地区先进的耕作方法和农具、种子，推广到边疆地区，使当地农业生产从无到有，或改进了耕作技术，大大提高了这些地区的粮食自给率。

元代在畜牧业发展方面最突出的地区是漠北、漠南地区。因为这里是元朝统治者的发祥地，他们取得统治权后，对这里的主要经济支柱畜牧业亦给予了特别关注：指导这些干旱地区打水井，防病治病，推广畜牧技术；有了灾害，调动内地人力、物力给予支援。加之这些地方已出现了半农半牧生产方式，所以使其畜牧业生产得到了很大发展。

（二）《农桑辑要》

《农桑辑要》

《农桑辑要》是元朝司农司组织撰写的一部农业科学著作，是我国最早官修农书，此书编成后颁发各地用于指导农业生产。

《农桑辑要》是由元政府官方主持编纂的一部重要农学著作。成书于世祖至元十年（1273）。其编纂缘由该书序中说：“欲使斯民生业富乐，而永无饥寒之忧，诏立‘大司农司’，不治他事，而专以劝课农桑为务。行之五六年，功效大著。民间垦辟种艺之人，增前数倍。农司诸公，又虑夫田里之人，虽能勤身从事，而播殖之宜，蚕缫之节，或未得其术，则力劳而功寡，获约而不丰矣。于是，遍求古今所有农家之书，披阅参考，删其繁重，摭其切要，纂成一书，目曰《农桑辑要》，凡七卷，镂为版本进呈毕，将以颁布天下。”可知此书是在司农司的主持下，为推广普及农业技术，指导农业生产而编纂的。

《农桑辑要》共分七卷十篇，包括典训、耕垦、播种、栽桑、养蚕、瓜菜、果实、竹木、药草、孳畜等。全书约六万字。其中：

典训篇主要引述前代典籍中关于农桑起源及农桑重要性的记载，借以说明农业生产的重要性，指出农业是人民生活的根本、社会的基础。

耕垦篇主要讲农田的耕种与操作。

播种篇主要介绍谷类和纤维、油料作物的耕种与栽培技术，强调只有按照不同的土壤和气候条件来安排种植，才能获得好收成。这实际上也是阐述农业生产的最高原则，即要因地制宜、因时制宜。此篇专列一节讲苎麻、木棉的栽培技术，是编者的经验之谈。如他说：“苎麻本南方之物，木棉亦西域所产。近岁以来，苎麻艺于河南，木棉种于陕右，滋茂繁盛，与本土无异。二方之民，深获其利。遂即已试之效，令所在种之。悠悠之论，率以风土不宜为解。盖不知中国之物，出于异方者非一。以古言也，胡桃、西瓜是不产于流沙葱岭之外乎？以今言之，甘蔗、茗茶是不产于邛、筰之表乎？然皆为中国珍用。奚独至于麻、棉两疑之？虽然记之风土，种艺之不谨者有之，抑种艺虽谨，不得其法者亦有之。故时列其种植之方于右，庶勤于生业者有所取法焉。”此节叙述了苎麻、木棉、甘蔗、西瓜、茶等从西域传入中国并进一步从南方传入北方的过程，而且其对待外来物产的思想态度也是可取的。

栽桑和养蚕两篇是《农桑辑要》一书中的重要内容，占全书三分之一的篇幅。主要辑录了古代农书中关于栽桑和养蚕的论述，另外也有一些新的内容。如引自《四时类要》言：“种桑如种葵法，土不得厚，厚即不生。待高一尺，又上粪土一遍。”另外，此二篇也反映了当时中外交通贸易活跃，西亚与东欧各国非常欢迎我国丝绸，元政府重视植桑、养蚕的事实。

瓜菜和果实两篇，讲述了西瓜、冬瓜、茄子等 28 种瓜菜和梨、桃、李、栗等 15 种果树的栽种方法。

竹木和药草两篇，介绍了 19 种树木和 26 种药材的栽种法。

这些都说明了从公元 6 世纪到 13 世纪末，我国植物栽培的进展情况，也反映了 800 年来我国劳动人民在生产实践中所取得的巨大成就。

孳畜篇阐述了关于马、牛、猪、鸡等九种牲畜和家禽的饲养，以及各种疾病的治疗方法。其中既辑录了古农书中的有关论述，也根据当时

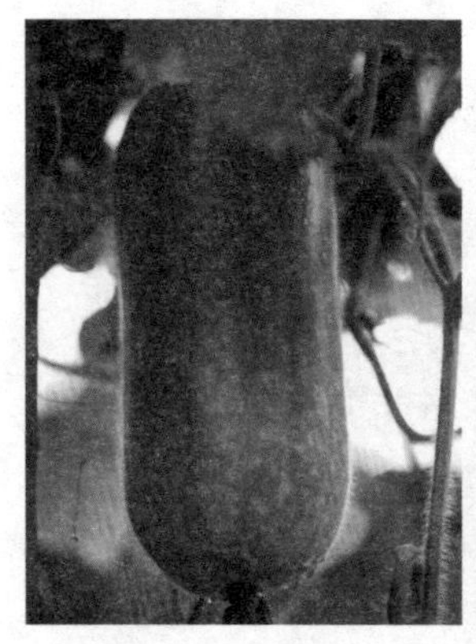

冬瓜

冬瓜含有丰富的蛋白质、碳水化合物、维生素及矿物质等营养成分，具有消热、利水、消肿的功效。

茄子

茄子在中国各省均有栽培。茄果可供蔬食；根、茎、叶入药，为收敛剂，有利尿之效；叶也可以作麻醉剂。

蒙古族等游牧民族丰富的兽医经验，列举了不少治马不食水草及治牛疫的方法。此篇最后一段为《岁用杂事》，把一年中每个月应做的农业和副业事安排得井井有条，是很好的农事月历表。

《农桑辑要》也是一部研究我国古代农书的宝贵资料书。因为它除编者新补充的一部分材料外，大部分篇幅内容从其他古代农书中辑出。据我国农学史家石声汉先生考证，《农桑辑要》共有572条技术资料，其中从其他农书辑出有500条左右。这些农书包括《齐民要术》《务本新书》《士农必用》《四时类要》《韩氏直说》《种时直说》《博闻录》《岁时广记》《农桑要指》《蚕桑直说》等。这些书绝大部分今已散佚，只靠《农桑辑要》引用并注明出处，才保留了其中一部分内容。

《农桑辑要》在至元年间首次刊行后，仁宗延祐年间又于江浙行省刊行，其后英宗、明宗、文宗朝均下诏颁行过，文宗至顺三年（1332）时又再次刊印达一万部，可见其影响之大。

《农桑辑要》在国外也有流传。如朝鲜就曾采用了《农桑辑要》中收谷种法、春夏两季种红花法等。15 世纪初，朝鲜艺文馆大提学李行从《农桑辑要》中抽出养蚕方，加以自己经验扩充，把方子刊行于世。后来朝鲜政府为了让不懂华语的人使用，又命议政府舍人郭存中用本国俚语逐节夹注，刻印流传。

（三）王祯及其《农书》

王祯是元代著名农学家，《农书》是其编著的我国农学史上具有重要影响的著作。

王祯，字伯善，腹里东平（今山东东平）人，生卒年代不详。今只知其于成宗元贞元年（1295）出任过宣州旌德县（今安徽旌德）县尹，在职六年。成宗大德四年（1300）由旌德调任信州永丰县（今江西广

王祯

王祯是元朝著名农学家、印刷技术革新家。他勤政为民，奖励农业，发展生产，成功地发明了木活字印刷术，并创新了冶炼技术。

丰）县尹。他做县官时，注意劝导百姓务农，关心百姓疾苦。他认识到人们基本的物质生活需要，一寸丝一口饭，均出自野夫田妇之手，因而决心编写一部较完备的农书。他的《农书》大约就是他在旌德、永丰县尹任上写成的，到了皇庆二年（1313）又作了一些修改，增加了个别附记，并写了一个简短的自序，最后定稿出版。

王祯编写《农书》的目的与元司农司编纂《农桑辑要》是一样的，就是为了推广农业技术，指导农民耕田种地、养蚕织布。但由于二书产生的时代有先后，客观条件不同，所以二书涉及的地域与内容是有区别的。王祯以前包括《农桑辑要》在内的有价值的农书，或是时间已久，或是只适应于局部地区，已远远不能满足发展了的新形势的要求。如后魏贾思勰的《齐民要术》主要限于黄河中下游，南宋陈旉的《农书》主要限于江浙一带，元初的《农桑辑要》也主要是北方地区。而王祯的《农书》兼论南北方，是我国第一部对全国范围的农业进行系统研究的农学著作。

王祯的《农书》共22卷，约136000字。其中共分三大部分：第一部分的“农桑通诀”，包括第一到第六卷，分授时、地利、孝弟力田、垦耕、耙耢、播种、锄治、粪壤、灌溉、劝助、收获、蓄积、种植、畜养、蚕缫、祈报诸篇，比较全面系统地论述了农业的各方面问题，并且对南北农事的异同进行了分析比较。第二部分为“百谷图”，包括卷七至卷十，分别叙述了谷属、蓏（瓜）属、蔬属、果属、竹木等的种植培养法。第三部分为“农器图谱”，是《农书》中最有创造性的部分，包括卷十一至卷二十二。此部分共绘图306幅，绘出了当时各种农具、农业机械、灌溉工具、运输工具、纺织机械图形。每幅图后都附有文字说明，详细介绍了这些器具的来源结构及其制作使用法。其中有的是当时业已失传的古代农器。失传者如西晋的牛转连磨和东汉的水排，王祯亦绘出了复原图。有的是新创制于元代的大型高效农具，如用四头牛拉的耕田犁，用耧车结合砘车的下种器，用牲畜拉的中耕耧锄，用麦钐、麦绰、麦笼结合构成的快速收麦器等。特别是其中描绘的若干纺织机械如 32 锭水力大纺车、三锭脚踏棉纺车和五锭脚踏棉纺车等，在当时世界上也是先进的。王祯将如此大量的农器绘图入书，这在中国农学史上是空前的，并成为以后此类著作的蓝本。

王祯《农书》还记录了他自己创造的木活字及其排印方法。可以看出，他所发明的转轮排字架是匠心独具的。他曾经创制木活字 3 万个，并用他的转轮排字盘印成《旌德县志》。另外，该书也记载了当时人们铸制成的锡活字情况。

王祯《农书》在借鉴前人经验的基础上，提出了大量富有独创性的见解。其一，他的《农书》贯穿了“天时不如地利，地利不如人和”的思想。他认为，只要“不违农时”，适时播种，选择适宜于不同环境的不同优良作物品种，及时施肥以改良土壤结构，并兴修水利，那么就一定可以克服天灾而取得丰收。这实际是宣传“人定胜天”的思想。其二，他十分注意总结劳动人民的实际生产经验，特别是改进农具的经验。如他总结了 14 世纪初在我国出现的大量新式农具，如耧锄、耘荡、牛转翻车等，对提高当时的农业生产效率是很有意义的。其三，他在总结劳动人民生产经验的基础上，很注意推广，使之从群众实践中来又服务于实践。如关于木棉的种植，《农桑辑要》里已经谈到，元初已推广种植木棉，但由于当时经验不够，种植不是很得法，所以产量不是很高，于是有人产生怀疑，认为种植木棉“风土不宜”。针对这种情况，王祯不是简单地批评了事，而是经过深入的调查，在《农书》中对木棉的栽种法进行了全面介绍，给棉农以切实指导。他指出：“木棉为物，种植不夺于农时，滋培易为于人力，接续开花而成实，可谓不蚕而棉，不麻而布，又兼代毡毯之用，以补衣褐之费，可谓兼南北之利也。”（王祯《农书》卷十，《百谷谱·木棉》）再如，他为了解决农村劳动力不足的难题，号召学习北方带有互助性的组织“锄社”的做法。他说：“北方村落之间，多结为锄社。以十家为率，先锄一家之田，本家供其饮食，其余次之，旬日之间各家田皆锄治……间有病患之家，共力助之，……名曰‘锄社’，甚可效也。”（《农书》卷三，《农桑通诀·锄治篇》）其四，王祯在充分调查研究的基础上，编制了一幅《授时指掌活法之图》，颇有创新意义。该图把里躔、季节、物候、农业生产程序，灵活而紧凑地按月分类编辑在一起，颇便农民生产和居家之用，反映了他善于进行理论归纳，并将其用于指导实践的务实风格。其五，王祯《农书》虽主要描写的是农业生产问题，但也反映了作者同情百姓疾苦，不满苛捐杂税的思想。正是在这些基础上，王祯才写出了一部博通古今、综合南北的不朽著作。

另外，王祯不仅是一位著名农学家，而且还是一位杰出的机械设计与制造家。汉代杜诗曾利用水力鼓风制造“水排”以铸铁，王祯根据相关片段资料，加以改进研究，制造了将古人的皮囊鼓风改用木扇（简单的风箱）鼓风的机械，对提高冶炼技术有重大意义。他的木活字机械，对革新印刷技术亦起了积极作用。

（四）维吾尔族农学家鲁明善及其《农桑衣食撮要》

《农桑衣食撮要》是元代三大著名农书之一，作者为维吾尔族农学家鲁明善。

鲁明善，祖籍在今我国新疆地区，其祖父是个信仰佛教的维吾尔族人，其父名迦鲁纳答思，是元代著名的翻译家，曾任翰林学士承旨、中奉大夫、大司徒等官职。鲁明善系以其父名为氏，名铁柱，字明善。

他于仁宗延祐元年（1314）任安丰路（今安徽寿县）肃政廉访司监察官，后又曾任靖州路达鲁花赤。《农桑衣食撮要》就是他在安丰路任职期间所编纂。

《农桑衣食撮要》又名《农桑撮要》或《养民月宜》，它是在当时农业生产比较发达，农学著作大批涌现的形势下产生的。当时由于元政府奖励农耕，农业生产得到了恢复与发展，农学著作据史书记载除《农桑辑要》和王祯《农书》外，尚有10余种。鲁明善自幼生长于中原汉族地区，具有较高的汉文化修养，研读了当时可见的大批农学著作，加之他曾任职的肃政廉访司按元制兼有劝农职责，使他能利用工作之便对江浙一带农业情况进行详细调查，编著了《农桑衣食撮要》一书，于至顺元年（1314）正式刊行。

鲁明善编纂的《农桑衣食撮要》重在实用，所以与《齐民要术》、陈旉所撰《农书》《农桑辑要》等书不同，它是直接继承崔寔的《四民月令》的体制，以农家的月计划为主体的。在此之前，元政府编纂颁布的《农桑辑要》对于岁用杂事仅列为卷末一篇，王祯的《农书》也只是绘制了一幅《授时指掌活法之图》，《农桑衣食撮要》全书按月编纂，极方便农家使用，所以正好可补这些书的不足。正如清《四库全书总目提要》中所说："明善此书，分十二月令，体系条别，简明易晓，使种艺敛藏之节，开卷了然，盖以阴补《农桑辑要》之所未备，亦可谓能以民事讲求实用矣。"

《农桑衣食撮要》一书虽只有11000字左右，但内容却很丰富，涉及范围也很广。它以十二月令统系，共208条，凡气象、水利、农耕、畜牧、园艺、蚕桑、竹木、果菜，以及农产品的收藏、腌制等各种农事活动与农家日常生活知识，无不进行详细的记述。作者在此书《自序》中说："凡天时地利之宜，种植敛藏之法，纤悉无遗，具在是书。"当不为过言。

《农桑衣食撮要》对江淮、江南的农事活动描写得比较多且详，并很适合这些地区的农民参照使用。这是由于作者多年在长江流域一带任职，对这些地方的农事情况了解得比较多。如四月“做笋干，卖新笋”，七月“栽木瓜”，八月“取漆”，十二月“收鳜鱼”等。这些描述在中原黄河流域是没有的，在此前其他农书里也是不多见的，作者特予详细记载，并写得非常体贴入微、切实可用。另外，鲁明善还搜集了不少民间谚语，如“移树无时，莫叫树知；多留宿土，记取南枝”“十耕萝卜九耕麻”等，作为经验介绍给农户。他在书中对收藏蔬菜、制作酱菜的详细介绍，反映了他对农村生活非常熟悉。

《农桑衣食撮要》一书还继承和发扬了我国农业科学的优良传统，提倡农林牧副的多种经营和综合利用。如书中“种黑豆条”就指出，黑豆可以做酱，可以喂马，秸秆还可以当柴烧。并强调了农业生产要因地制宜，如山谷地可利用种植谷楮（即谷树等）。鲁明善还十分注意推广新的农业技术，如书中所总结的“骟树法”，即将果树老根截断，促使毛根生长，使果树获得新的生命力，增加水果产量，以及温室催芽法、阳床育苗法等，都是以前的农书中所少见的。

鲁明善作为一个维吾尔族后代，虽然他多年生长于中原汉地，接受传统的汉文化教育，但从《农桑衣食撮要》一书中所反映的情况来看，他对北方草原游牧生活也还是熟悉的。如书中介绍奶酪的制作过程时说：“五月晒干酪，将好酪于锅内慢火熬，令稠，去其清水，摊于板上，晒成小块，候极干收贮，切忌生水湿器。”很具体真切。又如描写饲养马羊说：“十二月收羊种，腊月生者良，正月亦好。春夏早放早收，若收晚，遇巳、午时热，必汗出，有尘土入毛内即生疮疥。秋冬晚放，若放早，吃露水草，口内生疮，又鼻生脓，久在泥中则生茧蹄。性好盐，常以盐啖为妙。若生疥，便宜间出，则免致相染。”犹如牧人背诵养马经。直至今天，牧人还在沿用着这些养马经验。

鲁明善不愧为我国历史上杰出的少数民族农学家。他的《农桑衣食撮要》既吸收了古人的生产经验，又总结了当时农民群众的先进技术；既继承了汉族地区农业生产的优良传统，又发扬了少数民族在农牧业生产上的好经验，充分体现了我国各族劳动人民的智慧与才能，也说明了我国少数民族亦为中华农学的发展做出了自己的贡献。全书文字通俗，简明扼要，讲求实用，深为广大农牧民所喜闻乐见，是我国古代一部比较优秀的农学著作。

《农桑衣食撮要》今有新的校订本流传，王毓瑚在今本《农桑衣食撮要》引言中说此书“是完整地保存到今天的比较古的一部月令体裁的农书”。

（五）畜牧业

我国是个农业大国，但自古以来在北方草原地区亦一直存在着畜牧业。到了 12 世纪末 13 世纪初，蒙古孛儿只斤部杰出人物铁木真把蒙古各部统一起来，成立蒙古汗国，并称成吉思汗后，我国北方草原地区的畜牧业得到了一定程度的发展。特别是世祖忽必烈建元称帝后，对先人赖以生存发展的畜牧业更给予了特殊关注，采取了多种措施，使元代畜牧业得到了很大发展。

首先，开辟牧场，扩大牲畜饲养。

元朝在全国设 14 个官马道，所有水草丰美的地方均用来放牧马群。如《元史·兵志》中说：“自上都、大都以及玉你伯牙、折连怯朵儿，周回万里，无非牧地。”元朝牧场广阔，西抵流沙，北际沙漠，东及辽海，凡属“地气高寒，水甘草美，无非牧养之地”（《元史·陈思谦传》)。当时大漠南北及西南地区的优良牧场，见于史料记载的有甘肃、吐蕃、云南、芦州、河西、亦奚卜薛、火里秃麻（巴儿虎境内）、和林、斡难、怯绿连、阿剌忽马乞、哈剌木连、亦乞烈思、成海，以及上都、金山以南、亦乞不薛（属云南行省）、吉利吉思等处。这些地方“庐帐而居，随水草畜牧”(《元史·徐世隆传》)。

另外，江南、腹里和辽东诸处也散满了牧场，早已打破了“国马牧于北方，往年无饲于南者”(《元史·英宗纪》)的界限。这些地方有辽阳、大同、太原、庐州、安西王府（西安）、大都、真定、益都、山东、河南、怀孟、广平等地。这是在以前任何朝代都不可能做到的。

其次，完善了养马官制，从官方管理方面促进了畜牧业的发展。

元朝曾先后设立了太仆寺、尚乘寺、群牧都转运司等官方机构，管理有关畜牧的事宜。

太仆寺专管阿塔思马匹（蒙语，意为骟马），属宣徽院，后又隶中书省，正三品，所领全国十四道国家牧场。中统四年（1263），忽必烈开设群牧所，隶太府监，掌牧马及尚方鞍勒。至元十六年（1279）改为尚牧监，后又先后改为太仆院、卫尉院。至元二十四年（1287）立太仆寺。武宗至大四年（1311）复立群牧监，秩正二品，所管范围有所扩大，孳畜等亦管。

尚乘寺主要管皇帝鞍辔舆辇，阿塔思群牧骟马驴骡，管理随路局院鞍辔等制作，收支行省每年制造鞍辔，审理四怯薛阿塔赤词讼，起取南北远方马匹等事宜，职正三品。

群牧都转运司专管喂牲畜粮草等事。世祖至元二十二年（1285）曾在上都设此机构。后撤销，顺帝至元元年（1335）由徽政院专管群牧，包括了群牧都转运司的职责。

另外，元朝还设立了“和买马”制度，即按规定价格由官方买马。

如中统元年（1260）五月，忽必烈下令“诸路市马万匹，送开平府”（《元史·世祖纪》）。至元二十六年七月“发至元钞万锭，市马燕南、山东、河南、太原、平阳、保定、河间、平滦”（同上）。英宗、顺帝朝也有买马牛羊的大量记载。虽然这种买法是官方征用，带有一定的强制性，但亦是一种商品交换，对促进牧民的生产积极性有一定作用。

其三，制定了一些具有法律效力的条文，保护畜牧业生产。如官方训令盖暖棚、团槽枥以牧养牲畜。《元史·张珪传》记载说：“阔端赤牧养马驼，岁有常法，分布郡县，各有常数，而宿卫近侍，委之仆御，役民放牧……瘠损马驼。大德中，始责州县正官监视，盖暖棚、团槽枥以之。”臣等议：“宜如大德团槽之制，正官监临，阅视肥瘠，拘钤宿卫仆御，著为令。”盖暖棚、团槽枥，实际上是为牲畜越冬提供良好条件。

禁止私杀马牛以保护牲畜的繁殖。如《元史·刑法志》载：“诸每月朔望二弦，凡有生之物，杀者禁止。诸郡县岁正月五月，各禁宰杀十日，其饥馑去处，自朔日为始，禁杀三日。诸每岁，自十二月至来岁正月，杀母羊者，禁之，诸宴会，虽达官，杀马为礼者，禁之。其老病不任鞍勒者，亦必与众验而后杀之。诸私宰牛马者，杖一百，征钞二十五两，付告人充赏。”其他处罚条例也定得非常详细。关于饲养畜牧制定了如此详细条文，只有元朝才有。

另外，对盗马牛等者亦制定了详细处罚条例。如《元史·刑法志》载：“诸盗驼马牛驴骡，一赔九。盗骆驼者，初犯为首九十七，徒二年半，为从八十七，徒二年，再犯加等；盗马者初犯为首八十七，徒二年，为从七十七，徒一年半，再犯加等……盗驴骡者，初犯为首六十七，徒一年，为从五十七，刺放，再犯加等，罪止徒三年。”这些条例对保护牧民利益是有好处的。

其四，官方指导勘探，在干旱牧区打井、修渠、浚河，兴修了不少水利工程，使原来缺水之地变成了有水草的牧场。这对畜牧业的发展是非常有利的。这些活动主要在大漠南北进行。如至元二十五年（1288），发兵千五百人赴漠北浚井（《元史・世祖纪》），仁宗延祐七年（1320），调左右翊军赴北边浚井（《元史・英宗纪》）。这样的记载还有很多。

其五，遇有牧区灾荒年，元政府调拨粮食、布帛以赈济。古代草原游牧经济是很脆弱的，遇有大风雪和干旱，往往造成众多牲口的死亡，人民流离失所。而这种现象又以岭北行省最为突出。元代的大一统和元统治者对祖宗发祥地的特殊关注，使他们调动内地力量给予帮助，从而在客观上帮助了畜牧业的发展。如成宗大德九年（1305），"朔方乞禄伦（怯绿连河）之地大风雪，畜牧亡损且尽，人乏食，其部落之长咸来号救于朝廷，公（贾秃坚不花）为之请官市驼马，内府出衣币，而身往给之，全活者数万人"（虞集《宣徽院使贾公神道碑》，《道园学古录》卷十七）。文宗至顺二年（1331），"斡儿朵思之地频年灾，畜牧多死，民户万七千一百六十，命内史府给钞二万锭赈之"（《元史・文宗纪》）。此类记载在《元史》等史书里很多。元代大漠南北多次发生严重自然灾害，而没有造成历史上的严重后果，畜牧业很快可以得到恢复和发展，这与政府的帮助是分不开的。

其六，元政府通过国家力量，使部分农业区与牧区相结合，大大改善了畜牧业的条件，促进了畜牧业的发展。如每年秋末冬初，属官方管辖的漠南牧区的牲畜常就近赶到华北的田野上游牧，当地需负责饲马的粮草，使马、驼、牛、羊等牲畜"殆不可以数计"（《元史・兵志》）。此外，当时大漠南北地区已有了农业生产，有的甚至成为半农半牧区，当地的农业也为牧业提供了一定的保障。

正是由于元政府采取了如上一系列措施，更兼牧民的辛勤劳动，使元代的畜牧业得到了很大发展。大漠草原上出现了牛马羊群动辄数百、数千的景象。如《元史》记载：“元起朔方，俗善骑射，……盖其沙漠万里，牧养蕃息，太仆之马，殆不可以数计，亦一代之盛哉。”《马可·波罗游记》也记载，当时仅“驿站备马逾三十万匹”。其他记载十万、数十万马羊亦随处可见，可知元代牲畜之多。另外，牧区的人口也有了很大发展，可看出畜牧业为他们提供了物质条件。

元朝畜牧业生产主要在蒙古地区，从这些地区可看出其牲畜饲养品种、养畜技术等。

12 世纪末 13 世纪初，游牧于和林以东、土拉河、怯绿连河、鄂嫩河一带的蒙古部，主要牧养马、牛和羊，征服西夏后，盛产于西夏东境（今内蒙古西部）的骆驼大量输入漠北，当地人还从西夏人民那里学会了驯养骆驼的技术。由此可看出，元代饲养牲畜主要是马、牛、羊与骆驼。

随着元代畜牧业的发展，漠北牧人的分工也越来越细。见于记载的有：骒马倌（苛赤）、骟马倌（阿塔赤）、一岁马驹倌（兀奴忽赤）、马倌（阿都赤）、羯羊倌（亦儿哥赤）、山羊倌（亦马赤）、羊倌（火你赤）等。说明不同品种、不同年龄的牲畜都有专人分群放养。延祐年间，据驿卒佟锁住讲，他在漠南地区为主人牧二岁羊达 2000 余只。牧人分工的专业化、大规模的分群放牧，有利于畜牧业的发展，当时上都畜牧蕃息的情景是“牛羊及骡马，日过千百群”（胡助《京华杂兴诗》），“群牧缘山放，行营散野屯”（见周伯琦诗）。由此亦可看出元代畜牧的兴旺景象。

元代牧民很注意种畜选配，并精通骟马羊技术。如《黑鞑事略》载：“其牝马留十分壮好者移剌马种外，余者多骟了。”即说明了蒙古族牧民广泛采用的去势技术。同时当时的牧民已能根据气候变化选择冬夏不同草场。元代蒙古族人民放牧“自夏及冬，随地宜，行逐水草，十月各至本地”。另元代牧民还摸索出了在南方官牧场牧养马的方法，据《元史·文宗纪》载：“亦乞不薛之地所牧国马，岁给盐，以每月啖之，则马健无病。”

有论者认为，中华文化几千年来实际上是农业文化与游牧文化撞击、融合发展的结果。农业文化稳定重土，游牧文化由于自然条件限制，流动扩张。二者撞击，可以互补融合。由此看来，游牧文化不仅为农业地区提供了牲畜等物质产品，还为农业文化增加了雄壮之气，而元代正是这样一个典型时期。

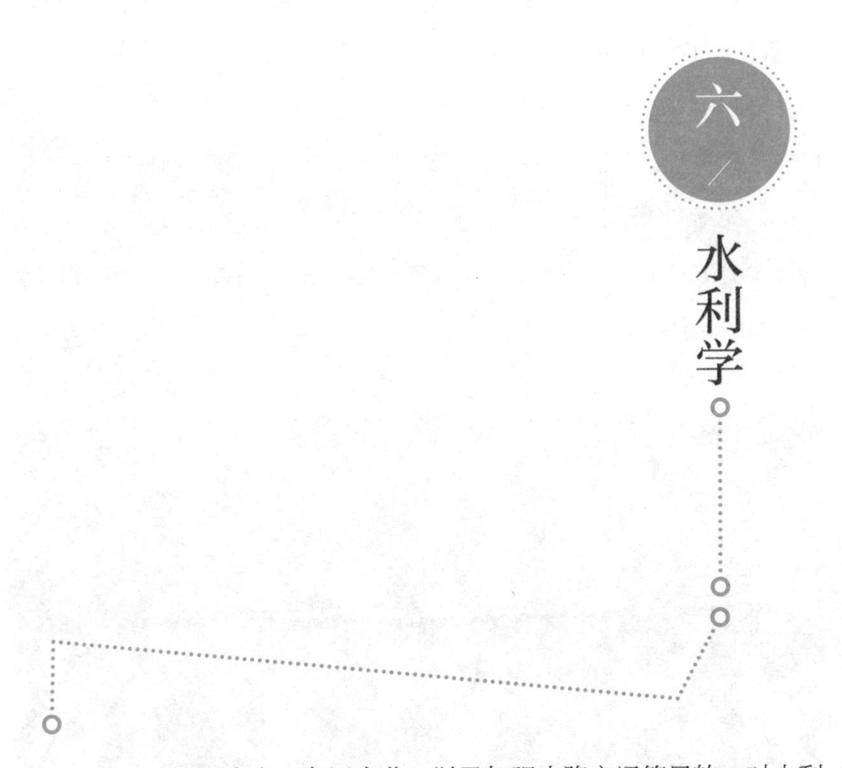

六、水利学

元代出于治理水患、发展农业，以及加强水路交通等目的，对水利建设比较重视。中央设都水监，地方置河渠司，“以兴举水利、修理河堤为务（《元史·河渠志》）”。有时为了某一工程的需要，专门设行都水司、都水庸田司等临时机构。这样，终元一代在水利建设方面取得了显著成绩。其突出表现在修通大运河、治理黄河泛滥、开辟海路航线，以及涌现出了一批水利专家及其著作等。

（一）修通京杭大运河

大运河是我国历史上伟大的水利工程，它沟通了我国南北水路交通，对我国古代的社会政治、经济文化等方面产生过巨大的影响。它最早于隋唐时期开凿，以洛阳为中心，但到了元朝初年，由于受黄河浸淤的影响，加之线路过短与弯曲，已无法适应变化了的形势要求。元统一全国建都大都后，全国政治军事中心已从临安（杭州，南宋都城）与汴京（开封）等处迁至大都。可经济中心还在江南，大都城人的食穿等还仰仗江南供给，“元都于燕，去江南极远，而百司庶府之繁，卫士编民之众，无不仰给于江南”（《元史·食货志》）。怎样解决这种政治中心与经济中心不平衡发展的矛盾呢？这就亟须恢复与发展连接京杭的水路交通大命脉——京杭大运河。

京杭大运河

京杭大运河与长城、坎儿井并称为中国古代劳动人民的三项伟大工程，并且沿用至今，是世界上里程最长、工程最大的古代运河。

元初在修通京杭大运河前，南方财粮北调也采取漕运，但非常不便。当时主要采取水陆联运和海运两条路线。水陆联运即以原来运河可用段落作为主要漕路，不可用或未达到处辅以陆运。如从浙江杭州各地经江南运河，在京口（今镇江）过长江，由扬州江淮运河到达淮

镇江

镇江，古称京口、润州、南徐，是江苏省地级市，是历史上重要的交通枢纽和战略要地。大运河镇江段位于京杭大运河与长江交汇处。

安入淮水，逆黄河上行，达中滦旱站（今河南黄河北岸封丘西南），改换陆运180里至淇门镇（今河南淇县境）入御河（今卫河），经临清、德州达直沽（天津）北上京城。这条路曲折遥远，费时费力，尤中滦一处“尽一年惟可运二三十万石”（《大元海运记》卷上），效果很差。而海运虽获利较大，但因“风涛不测，粮船漂溺者，无岁无之”（《元史·食货志》）。有的年份甚至“漂米数十万石，溺死漕卒五六千人”（《元史类编·海运考》），加之盗贼出没，风险极大。为了避开水陆联运的艰难与海运的风险，元王朝决定修通大运河。主要是开凿了山东境内的济州河与会通河、北京境内的通惠河，使京杭大运河得以全线贯通。

1. 开凿济州河

济州河南起济州（山东济宁）南，北到须城（山东东平）安山入大清河，全长150公里。这里地处山东丘陵西缘，地势高，水源少，穿凿颇不易。为了顺利施工，元廷派遣都水监郭守敬赴河北、山东等地进行实地考察。考察后郭守敬提出，宋、金以来，汶、泗相通河道，北清河相通渤海，若于济宁州南汶、泗合流处至北清河之间开一新河，北引汶水，东引泗水，分流南北，便可南达江淮，北通京津。并绘图上奏，世祖忽必烈诏准。

至元十六年（1279），元灭南宋后，全国归于统一，开凿济州河的条件已成熟。后经过三年准备，工程于至元十九年正式动工。次年八月"济州新开河成"（《元史·世祖纪》）。这样就沟通了济宁南至大清河150公里的河道。同时，为了保证济州河水源，元政府还进行了一些配套工程。即依据郭守敬等人"北引汶水，东引泗水，分流南北"的建议，由兵部尚书奥鲁赤主持疏浚洸河、府河，引汶水、泗水入此二河转入新开运河，初步解决了其水源问题。

济州河凿通后，南方来的粮船可以沿淮扬运河北上，由济州河循大清河（古济水）到渤海，再由界河口（今海河口）上溯白河，抵通州。但是，这段航程中，由于大清河的水量偏少，落差又小，还有潮汐顶托，泥沙容易淤积，所以漕运转海运受阻，无法通航，被迫"舍舟而陆"，改从"东阿旱站运至临清，入御河（卫河）"（《元史·食货志》），再由运河水运京师。从东阿旱站陆运至临清，长约200里，"地势卑下，夏秋霖潦，艰难万状"（《山东运河备览》卷一）。元政府为了解决这一问题，只好在济州河以北继续穿凿东阿至临清的会通河。

2. 开凿会通河

首先提议开凿此河的是寿张县尹张仲辉，《元史·河渠志》记载他

会通河

会通河是南北大运河的关键河段。

说："开河置闸，引汶水舟达于御河。"丞相桑哥据此上奏朝廷开安山至临清间长约 265 公里的运河，诏准。经过一段时间的充分准备，至元二十六年（1289）由江淮省断事官忙速儿、礼部尚书张孔孙、兵部尚书李处巽等主持开工。同年六月竣工，并马上通航，"滔滔汩汩，倾注顺通，如复故道，舟楫连樯而下。起堰闸以节蓄泄，定堤防以备荡激"（《山东运河备览》卷四，引杨文郁《开会通河功成碑》）。这条新河南起东昌路须城县安山西南，经寿张西北至东昌，又西北至于临清，以逾于御河，全长 250 里，赐名会通河。

会通河的开通不仅结束了东阿至临清间 200 余里的艰难陆运，而且沟通了举世闻名的京杭大运河，从而实现了南自杭州，北达大都的全部漕运。

会通河与济州河相接，是为山东运河。由于这段地形比较复杂，丘

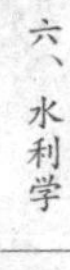

陵多，坡度大，所以解决水源以行舟成为关键问题。元政府大体上采取了两项主要措施，一是引水济运，二是阶梯开发，使用闸化运道。

引水济运主要还是采取修通济州河时所采用的办法，引洸河、府河、汶水、泗水入运河，以增加其水量。但仅有此还不够，因为山东运河地势高低落差较大，引入的水有深有浅，浅处就很难通行。所以元人又采取置闸分流，“度高低，分远迩，以节蓄池”（《元史·河渠志》）。即船行一段上面闸打开放水下来，下面闸关闭，使水位提高，利于航行。一段一段以此类推。先后在山东运河上建了 31 座闸，北起临清，南至沽头。其中会通河上建闸 14 座，济州河上建闸 4 座，古泗水运道上建闸 13 座。此外，还在泗水、汶水、洸河、府河、盐河等天然河道上修建济运闸坝 13 座。建闸工程始于至元二十六年（1289），止于至正元年（1341），历时 52 年方完成，较好解决了山东运河的水源问题。

3. 开凿通惠河

元代济州河与会通河开通以后，使京杭运河裁弯取直，直达通州

通惠河

通惠河是由郭守敬在元代主持修建的漕运河道。元世祖将其命名为“通惠河”。

（今北京市通州区），然后再从通州解往大都。但通州至大都城却是一段卡脖子路程。当时有一条水路与一条陆路可以通行。若依水路，唯有较小的坝河水道可以通漕，但因不能航行大船，满足不了需要，如遇旱年水浅，更是无法通行。若依陆路，一方面费用太高，另方面如遇雨天，行走十分困难，“方秋霖雨，驴马踣毙，不可胜计”（《元史·郭守敬传》）。这就迫使元政府必须另辟水源，穿凿新河——通惠河。

首先提出穿凿通惠河的是伟大的水利学家郭守敬。郭守敬考察了原有渠道地势，认为此次穿凿必须解决水源问题。他提出引导温榆河上源诸泉水接济漕河的新方案。即自昌平县（今昌平区）的浮村到神山泉，西折南转，会双塔、榆河、一亩、玉泉诸水，入瓮山泊（今昆明湖），再经长河入古高粱河，至西水门入都城，环汇于积水潭。然后东折而南出文明门（北京崇文门北），循金闸河（即旧运粮河道）东至通州高丽庄入白河（《元史·河渠志》）。全长 160 多里。其中建闸坝 10 处，共 20 座。郭守敬的建议很快得到批准，并于至元二十九年（1292）春诏

榆河

榆河位于北京市东北部。自沙河水库至通州区北关拦河闸，是大运河的上游。

令开工，共动用军人、工匠两万多人，用去工日285万多个，用钞152万锭，粮38700石，第二年秋竣工，费时一年多。此河修好后立即投入使用，适逢忽必烈从上都回来，路经积水潭看到“舳舻蔽水”，十分高兴，赐名通惠河。

通惠河是京杭大运河的最北段，也是开凿时间最晚的一段漕河，它的完成不仅结束了通州至大都的卡脖子运输，而且真正使京杭大运河全线贯通，发自杭州的漕船可直接到达京城积水潭。另外，海运至通州的漕粮亦可经通惠河直接到京城。

京杭大运河全长3000多里，是世界上开凿最早、规模最大、线路最长的一条运河。它连接了海河、黄河、淮河、长江和钱塘江五大水系，加强了京师和最富庶的江南地区的联系，是元代一条重要的交通线。它的修通同时带动了沿岸地区的社会经济发展。当时的通州“市井复喧嚣，民风杂南朔”，淮河口“水次千家市，蛮商聚百艘”。大运河成了流经地域的经济命脉，因此当地人把疏浚河道、护防河堤看作十分重要的事。在淮海一带有这样的说法：“积渠如积金，守防如守城。”

（二）海运与航海事业

元代为了加强南北联系，将江南财粮调入大都，非常重视漕运的发展建设。这漕运包括河运、海运、水陆联运。虽然元代对开凿京杭大运河等河运倾注了很大力量，但由于运河受泥沙淤积等客观及主观条件所限，所以就运量而言，海运实际上占了绝大的比例。如元代每年从南方运至大都的漕粮约300万石，其中由运河送至大都的也只不过二三十万石，而大部分则是由海运到直沽（天津），再从直沽循北运河和通惠河进入大都。这主要是由于元初在山东境内开凿的济州、会通二河水源不足，又时常受黄河浸淤的影响，运河本身也因“河道初并，岸狭水浅，不能负重”(《行水金鉴》卷九十九，引《山东全河备考》)所致。

为了解决河运不足，元政府另辟蹊径，下令发展海运事业。实际上元军至元十三年（1276）攻下临安时已注意到这个问题。当时统帅伯颜鉴于河道不便，曾命令下属将南宋的库藏、图籍和货物海运到大都。后为避免海运风险开凿大运河，但修成后亦有不足，还需发展海运，为此成立了专门机构。至元二十年（1283)，立二万户府管理海运。二十四年，立行泉府司专领海运，并增置二万户府，二十八年，行泉府司撤销后，原四万户府削减为二，以朱清、张瑄为首。朱、张二人原是海盗头目，后来归附元朝，在开创和经管海运方面有很大的功劳。三十年，又增立万户府一，提调香莎糯米的征收和运输。成宗大德七年（1303)，朱清、张瑄以“叛逆”罪名被杀，三万户府合而为一，名海道都漕运万户府，于平江府（江苏苏州）开司署事。万户府下按地区分设七个千户所。与海运有关的还在直沽河西务（今天津武清区西北）设都漕运使司，大都设立京畿都漕运使司等。海运官吏也得到朝廷的优厚待遇，“漕臣之长，必天下重望”。可见元朝廷对海运的重视。

元代从至元十九年（1282）到至元三十年，曾开辟了三条近远海航线。

第一条航线是于至元十九年开通的。它自刘家港（江苏太仓市浏河）启航入海，向北经崇明州（今上海崇明区）之西，再北经海门县（今海门市）附近的黄连沙头及其北的万里长滩，沿海岸北航，经连云港、胶州，又转东过灵山洋（今青岛市南海面)，沿山东半岛的南岸，向东北航，以达半岛最东端的成山角，由成山角转而西行，通过渤海南部向西航行，到渤海西头进入界河口（海河口)，沿河可达杨村码头（天津武清市境)。最后转运河达大都，全程约6600公里。这一航线主要是近海航行，离岸不远，浅沙甚多，航行不便。加之我国东部的近海，自渤海以至长江口，全年均受由北向南的寒流的影响，船逆水北上，航程迟缓且危险，另外线路曲折费时，往往数月甚至一年才能到达。这样显然不能满足漕运要求，必须另辟航程。

至元二十九年开辟了第二条航线。该航线从刘家港入海，过了长江口以北的万里长滩后，驶离近海海域，如得西南顺风，一昼夜即可航行约 1000 里到达青水洋，再过黑水洋即可望见沿津岛大山（山东文登市南）；再经刘家岛、芝罘岛、沙门岛（今蓬莱市西北庙岛），最后直抵海河口。这条航线，自刘家港至万里长滩的一段航程，与第一条航线相同，但从此后即指向东北航经青水洋，进入深海（黑水洋），利用东南季风改向西北直驶成山角。这段新开航线比较直，在深海中航行，不仅不受近海浅沙的影响，而且可以利用东南季风和夏季来临的黑潮暖流帮助航行，大大缩短了航行时间，快的时候半月即可到，“如风、水不便，迂回盘折，或至一月、四十日之上，方能到彼”（《新元史·食货志八》）。这条新航线的开辟，突破了以往国内沿海航线只能近海航行的局限性，大大缩短了航行时间，是元代海运对我国沿海航路发展的一个重要贡献。

至元三十年（1293）开辟了第三条航线。这条新航线“从刘家港入海，至崇明州三沙放洋，东行入黑水洋，取成山转西，至刘家岛，又至登州沙门岛，于莱州大洋入界河”（《元史·食货志》）。此航行与第二条航线相比，其南段的航路向东更进入深海，路线更直，全航程更短，加以能更多地利用黑潮暖流，顺风时只用 10 天左右即可到达，又大大缩短了航程。从此以后，元海运漕路均取此路，再无重大变化，就是直到今天，从上海到天津航线仍走这条线路。

在远洋航行方面，元代在宋代的基础上扩大了交通范围。如曾两次附商船游历东西洋的汪大渊在其所著的《岛夷志略》里曾记载了他所经历的海外诸国。地域涉及东自琉球，西至阿拉伯半岛和非洲东岸之层拔罗（今桑给巴尔）等地，南洋诸岛及印度洋沿岸各国也都有航路可通。大德年间（1297—1307）陈大震等人所修的《南海志》亦记载海上贸易国家与地区多达 145 个。总体看，到达了波斯湾、阿拉伯半岛、埃及、东非各国，以及欧洲地中海沿岸。

元代为保证近海航运航行安全，在沿线设置了航标船、标旗、航标灯等指挥航标。这航标的设置，是中国海运史上的重大成就。

在远海航行方面，元代已可通过观测星的高度来定地理纬度，这种方法当时叫“牵星术”。牵星术的工具叫牵星板，是用优质乌木制成。用牵星板观测北极星时，左手执木板一端的中心，手臂伸直，眼看天空，木板的上边缘是北极星，下边缘是水平线，这样就可测出所在地的北极星距水平的高度。求出北极星的高度，就可计算出所在地的地理纬度。

意大利著名旅行家马可·波罗曾于 1292 年，乘护送阔阔真公主去波斯的中国海船，从福建启航返乡。他的《马可·波罗游记》里记述了当时我国海船和航海的情况，海船由马六甲海峡进入印度洋后，便有北极星高度的记录。

元代的航海技术资料曾传到明初，为郑和航海提供了借鉴。据福建集美航校搜集到的《宁波海州平阳石矿流水表》中记载：“永乐元年，奉使差官郑和、李恺、杨敏等出使异域，躬往东西二洋等处，……校正牵星图样，海岛、山屿、水势、图形一本，务要选取能识山形水势，日夜无歧误也。”明确记载了明永乐元年郑和一行“校正牵星图样”，这牵星图样就是元代的“牵星术”。说明元代海上航路的发展，为郑和七下西洋奠定了重要基础。

（三）其他水利工程

元代大小不等的水利工程很多，除修通著名的京杭大运河外，在治理黄河与发展边疆地区的水利建设事业等方面亦多有开拓。

黄河是中华文明的摇篮，它哺育了一代代的中华儿女，但同时它又是一条频繁地给沿岸人民带来灾害的河，历代统治者为治理它花费了大量人力物力。金章宗明昌五年（1194），黄河改道侵入淮河，使黄淮沿岸人民饱受水患的灾难，元代黄河决溢更是频繁，达 200 余次。顺帝至正四年（1344）五月，大雨下了 20 余日，黄河水暴涨决溢，北破白茅堤，平地积水二丈多深。遭受灾害的涉及数省。在此情况下，元政府下

黄河

黄河发源于青藏高原巴颜喀拉山脉，流经青海、四川等 9 个省区，它是中国第二长河，中华文明最主要的发源地，中国人的“母亲河”。

决心治理黄河。先让众臣访求治河方略，并特命贾鲁为都水监，要求其提出具体方案。这就是有名的贾鲁治河。

1344年，“(贾)鲁循行河道，考察地形，往复数千里，备得要害，为图上进二策：其一，议修筑北堤，以制横溃，则用工省；其二，议疏塞并举，挽河东行，使复故道，其功数倍”(《元史·贾鲁传》)。但鲁“会迁右司郎中，议未及竟”。至正九年(1349)，号称“贤相”的脱脱复相后，治理黄河事再次提出，并上报朝廷批准采用贾鲁所提第二策。至元“十一年四月初四日，下诏中外，命鲁以工部尚书为总治河防使，进秩二品，授以银印。发汴梁、大名十有三路民十五万人，庐州等戍十有八翼军二万人供役，一切从事大小军民，咸禀节度，便宜兴缮。是月二十二日鸠工，七月疏凿成，八月决水故河，九月舟楫通行，十一月水土工毕，诸埽诸堤成。河乃复故道，南汇于淮，又东入于海”(《元史·河渠志》)。

据《至正河防记》记载，贾鲁治河自四月二十二日开工，至十一月十一日合龙，前后计170天左右，动用人力近20万，合计用工约3800万，疏浚河道280多公里，堵塞大小决口107处，总长达三里多，修筑堤防上自曹县下至徐州，计770里。不仅为元代治理黄河的最大工程，在我国治河史上也是罕见的。贾鲁的成功一方面是朝廷给予他全力支持，另一方面是他经过实地考察，采取了较科学的治理方法。他采取了疏、浚、塞并举的方法，先疏后塞，然后引河东行，使复故道。所谓疏、浚，就是把淤塞的故道疏通，其疏浚故道280里50步而强，其深者达2丈2尺，宽者达180步，并采用了相停、相折等古算法取平地势。所谓塞者，就是把白茅决口堵塞住，引河水入故道。整个工程先疏后塞，就是先把故道疏浚好，然后堵塞决口放水入之，这样就避免了水中作业。整个疏浚工程完成后，最后堵塞决口，为此，贾鲁创造了石船堤障水法。即用27艘大船组成三道船堤，每堤9艘，用铁锚固定船身，并使三船堤连为一体，船中略铺散草装满石子，以合子板钉合之，同时下沉，船堤上再加草埽三道。最后合龙时，水势暴涨，船基撼动，观者以为难合，而贾鲁镇定自若，指挥十余万民工奋力拼搏，终于在十一月十一日合龙，使所绝北河道绝流，故道复通，治河取得了成功。后又覆压小土、土牛、草帚等使之更加固定。

元代治理黄河据《元史·河渠志》载还有多次。如世祖至元九年（1272）七月，卫辉路新乡县广盈仓南黄河北岸决口50余步，八月又决口183步，派都水监丞马良弼与当地官吏一起率领民工修复。成宗大德三年（1299）五月，黄河在河南归德府等处决口，百姓被灾。元廷差官修复。共修七堤25处，长39092步，用去苇404000束，径尺树24720株，动用民工7902人。仁宗延祐五年（1318），黄河在杞县小黄村决口，淹没土地，直逼汴梁，为害百姓。仁宗命都水监汴梁分监负责修复。

另外，中书省所辖山西地区的水利建设也搞得很好。至元三年（1266），总管郑鼎领导平阳人民导汾水，溉民田千余顷（《元史·郑鼎传》）。十一年，绛州（山西新绛）人民导浍河入汾河，灌田2000多亩。中书省怀庆路（河南沁阳）于世祖中统二年（1261）开凿了长达677里的广济渠。该渠流经济源、河内、河阳、温、武陟等5县463处村坊，灌田3000多顷，居民深得其利，至大德年间仍“利泽一方，永无旱暵”（《农书·浚渠》）。

元代对边疆地区的水利建设也非常重视。如郭守敬于至元元年（1264）随张文谦到达西夏后，主持修复了沿黄河的许多河渠。其中有长200公里的唐来渠，长125公里的汉延渠，以及其他100公里长的大渠10条，又支渠68条。这些河渠的修凿，可以灌溉90000多公顷的土地，给雨量比较稀少的西北边疆地区的农业生产带来了极大效益。郭守敬修复这些河渠所采取的工程技术措施也具有很高水平。他在各河渠河水入口处的附近设有滚水坝，水涨的时候就从坝上溢出，以削减水势，过了滚水坝，又设两三个退水闸，水小的时候闭闸，大则酌量开闸，以调节水量，过了退水闸，才是渠道的正闸。这一套闸坝的设计很科学，后来开凿京杭大运河也利用了此技术。

云南地区在大理国统治时期，由于国政荒乱、水利失修，洪水泛滥，经常发生水患。元代云南行省平章政事赛典赤，在云南任职六年，很注意发展水利事业。在他主持下，修建了松华坝、南坝，疏浚或新开了盘龙江、金汁等六河。又修筑河堤、水闸，控制水流，凿通滇池西南的海口，使湖水可以排出。这不但减轻了水患，扩大了灌溉面积，而且因排泄了湖边积水，增加了良田百余万亩。据当时记载，亩产量一般可达二石。从元世祖至元初年开始，直到成宗大德间，昆明州海口的工程还在继续。据郭松年在《大理行记》中描述，云南州（今云南大理祥云县）以西 30 余里的品甸有个清湖，㠠人（白族人）用来灌溉，其利可达云南州城郊。白㠠甸（今弥渡县）有赤水江可以兴利，居民辏集，禾麻蔽野。赵州甸（今凤仪镇）川泽平旷，神庄江贯于其中，溉田千顷，少旱虐之灾。大理点苍山泉源喷涌共有 18 溪，功利布散，皆可灌溉。

大漠南北蒙古地区的水利建设也受到了元廷的相当重视。据《元史》记载，世祖至元九年五月，敕拨都军于怯鹿难（怯绿连）之地开渠。二十五年四月，浚怯烈河以灌口温脑儿黄土山民田。同年六月，发侍卫军千二百人浚口温脑儿河渠。元武宗时，哈剌哈孙以太傅左丞相行和林省事，亦浚古渠，溉田数千顷。英宗延祐七年七月，调左右翊军赴北边浚井。这些水利工程对发展漠北畜牧业与屯田起了积极的作用。

（四）水利学著作

元代水利学的发展与进步，还表现在涌现出了一批水利学家及其著作。如赡思及其《重订河防通议》、任仁发的《浙西水利议答录》、欧阳玄的《至正河防记》、王祯《农书》中关于水利的论述等。

赡思，字得之，至元十四年（1277）生于真定（河北正定）。是元代博学能文的政治家和水利学家。其祖先是阿拉伯人，祖父鲁坤于13世纪初从中亚东迁，居平州（内蒙古托克托县）。他幼年好学，曾师事翰林学士承旨王思廉，博览群书，为乡里所推重。早年轻仕途，直到50多岁（1330）才应召为奉翰林文字，进《帝王心法》。顺帝至元二年（1336），拜陕西行台监察御史，谏奏法祖宗、揽权纲、敦宗室、礼勋旧、惜名器、开言路、复科举、罢数军、一刑章、宽禁纲等十事，皆为时臣所不敢言。三年，佥浙西肃政廉访司事，四年，改佥浙东肃政廉访司事，敢于惩治贪官，平反冤狱，有政绩。至正十年（1350），召为秘书少监，以疾辞。1351年去世。

赡思不仅博洽经学、文史，而且精通水利、天文、地理、算术，并旁及外国之书。他一生著述甚丰，有《四书阙疑》《五经思问》《奇偶阴阳消息图》《老庄精诣》《镇阳风土记》《续东阳志》《西国图经》《西域异人传》《金哀宗记》《正大都臣列传》《审听要诀》《文集》《河防通议》等。但除《河防通议》借《永乐大典》收录而保存外，其他皆散佚。

《河防通议》二卷，至治元年（1321）成书，顺帝至元四年（1338）曾刊刻流行。该书详论治河之法，将宋人沈立的《河防通议》和金朝都水监的《河防通议》两本书“合之为一，削去冗长，考订舛讹，省其门，析其类，使粗有条贯，以便观览，而资实用”（赡思《河防通议序》)，故又称《重订河防通议》。全书分河议、制度、料例、工程、输运、算法六门，门各有目，凡物料、工程、丁夫、输运以及安桩、下络、叠埽、修堤之法，条例品式，颇为详备。该书虽系编校前朝旧书，但也加入了自己意见。赡思曾在至正年间黄河决堤时，应诏参加议论治河的方法，所以此书不仅体现了编者编辑考订功力，亦反映了他的治河经验，是我国治河史上的一部重要文献。另外，赡思的《镇阳风土记》《续东阳志》《西国图经》等地理学著作，亦当有一些水利学方面论述。

赡思的《河防通议》被《永乐大典》录入后，又有《守山阁丛书》本、《明辨斋丛书》本、《丛书集成》本等多种版本。

《永乐大典》

《永乐大典》，成书于明永乐六年，是一部集中国古代典籍于大成的类书，《大英百科全书》将其称为“世界有史以来最大的百科全书”。

任仁发，字子明，号月山，松江青浦（今属上海）人，生于1254年，卒于1327年。初任元朝宣慰掾，后授青龙镇水陆巡官。世祖至元二十五年（1288），升海道副千户，旋改海船上千户，转漕直沽。成宗大德七年（1303），奉命疏浚吴淞江，被授都水监丞。武宗至大年间，参与修凿通惠河、会通河等河，因成绩显著，升任都水少监。后又主持修浚黄河归德（河南商丘）决口、浙东海塘、镇江练湖、吴淞江旧河及乌泥、大盈二河等水利工程。他将这些丰富的治河经验形诸笔墨，著成《浙西水利议答录》（浙西水利全书本）流传。

《浙西水利议答录》主要论述浙西太湖、吴淞江等水系的治理疏浚。元初对浙西水利建设是不够重视的，“浙西诸山之水受之太湖，下为吴松江，东汇淀山湖以入海，而潮汐来往，逆涌浊沙，上湮河口，是以宋时设置撩洗军人，专掌修治。元既平宋，军士罢散，有司不以为务，势豪租占为荡为田，州县不得其人，辄行许准，以致湮塞不通，公私俱失其利久矣”（见《元史·河渠志》）。任仁发作为一个水利官员，对家乡这种水患肆虐的状况也是看得很清楚的，他说：“浙西河港、围岸、闸窦，无官整治，遂致废坏，一遇水旱，小则小害，大则大害。”更可贵的是任仁发敢于仗义执言，指出造成这种局面的主要原因是朝廷治水不力，并对此进行了批评。如他说：“今朝廷废而不治者，盖募夫供役，取办于富户，部夫督役，责成于有司，二者皆非其所乐。所以，猾吏豪民构扇，必欲沮坏而后已。朝廷未见日后之利，但厌目前之忧，是以成事则难，坏事则易。”（同上）

任仁发的《浙西水利议答录》是直接上奏朝廷的，所以他在此书中不但指出了造成浙西水害的原因，而且提出了具体治理办法。如他在此书中说：“浚河港必深阔，筑围岸必高厚，置闸窦必多广。”即主要采取深疏河、高筑堤、多置闸等办法。

在任仁发等有识之士呼吁下，元政府终于在世祖至元年间、成宗大德年间、泰定帝泰定年间，数次下令整治浙西水害问题。任仁发参加了大德、泰定年间的治水工作，并由于工作出色，在大德年间升任都水监丞。《浙西水利议答录》即是他多年从事水利工作和浙西水利建设的理论指导。

另外，继任仁发之后，海宁人周文英，也著有《论三吴水利》一文，提出“掣淞入浏”之说，以解决浙西农田遇涝问题。后来张士诚占据吴地，根据周文英之说，疏浚了白茅、盐铁诸塘。

王祯的《农书》不仅是一部著名的农学著作，也是一部颇有影响的水利学著作，其中有不少关于水利建设的论述。如书中论述我国水利资源的丰富说：“海内江淮河汉之外，复有名水万数，枝分派别，大难悉数，内而京师，外而列郡，至于边境，脉络相通。”这些水利资源“俱可利泽，或通为沟渠，或畜为陂塘，以资灌溉”。如果利用得好，于国于民都是非常有利的，“灌溉之事，为农务之大本，国家之远利”（王祯《农书·农桑通诀·灌溉篇》）。那么如何才能利用这些丰富的水资源呢？王祯在《农书》中以江南为例进行了论述。他系统地对江南的农田水利灌溉方式进行了总结，将其利用方法归纳为两大类：其一是在水源高于耕地的情况下，以修陂塘蓄水为主，采取自流灌溉；其二是在水源低于耕地情况下，利用翻车、筒轮、戽斗、水车等机械工具进行机械灌溉，或者打井以解决水源。另外，《农书》还对灌溉工具及圩田、围田等作了详细介绍。其中《灌溉》篇是专门论述水利灌溉事业的。

欧阳玄撰有《至正河防记》一卷。该书是欧阳玄对贾鲁以工部尚书为总河防使，于顺帝至正十一年（1351）四月至同年十一月治理黄河事的记述与总结。欧阳玄当时受命制河平碑文，他向贾鲁了解了此次治河经过，又访问过客，查对吏牍，撰成此书。文虽简略，但较系统地记述和总结了贾鲁用疏、浚、塞三法结合治河，使黄河复故道东汇于淮，又东入于海的方法与经验。《元史·河渠志》录有该书全文，另有《学海类编》本。详细内容见贾鲁治河部分。

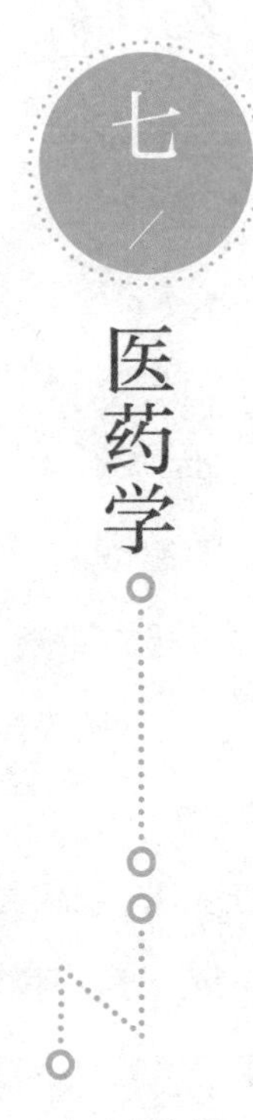

（一）医药学成就

元代医药学在继承前人成果的基础上，又有新的发展，取得了较为突出的成就。这主要表现在医药学组织的健全，对学校教育的重视，医学流派的形成，基础理论研究和各科诊治的深入，尤其是外科骨伤科成绩显著，以及一大批医学家及重要著作的涌现等。

在医药学组织方面，世祖中统元年（1260）设立了中央医疗机构“太医院”，掌管全国医药事务，领导所属医官。至元六年（1269）设立御药院，管理药物的制造与储藏，十年又设立御药局，掌管大都和上都两处药物事。十九年成立典医署，领导东宫太医，后改为典医监。特别是世祖至元七年成立的广惠司，是元朝的独创。广惠司聘用阿拉伯医生，配制药物，服务对象是皇帝诸王、大臣卫士以及大都百姓。二十九年又在大都和上都各设药物院，于是中国境内有三个阿拉伯式的医疗机构，为促进中外医学交流和中国医学发展起了积极作用。另外，元代还设立了为贫民治病和专为军人治病的医疗机构。除广惠司兼及为贫民治病外，还专设广济提举司为普通百姓服务，至元八年在全国各地设的多处安乐堂专门为军人看病。其间聘请名医诊治，并选派健康人服侍，颇像今日的护理人员。元代不少名医就出身于上述医疗机构。

在医学教育方面，元政府从世祖中统三年起，就在各地建立了医学学校。至元九年又设有专门管理医学教育的医学提举司，凡各地医生的考核、选拔，医书的编审，药材的辨验，都属其职责范围。元代医校分科比较细，在中国医学史上第一次出现了正骨科。为了保证教育的质量，元代不仅注重对学生的严格考核，而且对各级教师也同样实行严格考核奖惩制度。这些措施为元代医学教育及医学发展奠定了坚实的基础。

元代是中国医学流派形成发展的重要时期。我国医学史上知名的“金元四大家”有两家系蒙元时期医家。李杲创“补土派”（或称温补派），朱震亨创“养阴派”（或称滋阴派）。金元四大家的出现及其不同学术主张的问世，极大地推动了我国医学理论的发展，在中国医学史上占有重要的地位。正如《四库全书·医家类》中说：“儒之门户分于宋，医之门户分于金元。”他们的学说，不仅在理论上独树一帜，更重要的是改变了过去“泥古不化”的状况，打破了因循守旧、一味崇古的局面，开创了中医学术的讨论、交流与争鸣，成为后世医家的表率。如李杲师从张元素，并将张的学说应用于理论研究和临床实践，最终创立了“脾胃论”，自成一家之说，对后世医学产生了深远的影响。朱震亨也在吸收前人经验基础上，结合自己实践，提出基于“相火论”基础的“阳有余阴不足”学说，成为祖国医学宝库中的重要财富。

元代医学成就的另一个突出标志是分科比前代更细。唐代分四科，即医科、针灸科、按摩科、咒禁科；发展到宋代成为九科，即大方脉科、风科、针灸科、小方脉科、眼科、产科、口齿咽喉科、疮肿兼折疡科、金镞书禁科；到元代增至十三科，即大方脉科、风科、针灸科、小方脉科、眼科、产科、口齿科、咽喉科、正骨科、金疮肿科、杂医科、祝由科、禁科等十三科。由于分科越细，钻研也就越精，从而在医籍整理、医疗诊断，内外骨伤、儿科等科的治疗，以及针灸学、药物学等方面取得了突出成就。

在医籍整理方面，以滑寿的《难经本义》影响最大。《难经本义》二卷，1366 年刊行。该书所据原著即古医书《难经》编次较乱，遗文缺字较多，而历代的注本又多不能准确释义。滑寿参考元以前《难经》的多种注本资料，对《难经》进行了考订辨析，并能融前代二十多家学说，阐发自己的见解，对《难经》进行释义与发挥。故《四库全书总目提要》赞扬此书“辨论精确，考证亦极详审”。

在医疗诊断方面，以脉象和舌象诊病成就较为突出。元代医家戴起宗的《脉诀刊误》是一部关于脉象学的著作。该书参照《内经》《难经》以及张仲景、华佗、王叔和等历代名家论述，对高阳生《脉诀》的原文进行了考订辨误，并对每一处脉象进行了详细阐述与发挥，时有真知灼见。另外，名医滑寿也精通脉学。他的《诊家枢要》成书于 1359 年，对脉象大旨和辨脉法作了详细论述，阐析了浮、沉、退、数等 29 种脉象及其主病，特别是还谈到了妇女和小儿的脉法，全书内容丰富，影响较大。李杲的《脾胃论》里分析了根据舌象辨病的若干情况。他认为：舌干而口苦无味，多为阳气不伸；舌干而咽干，多为饮食不节；舌干而胸肋痛，多为肝木妄行。为后世以观舌象而诊病树立了典范。其后医学家熬氏，集宋金元诸家之长，著成《金镜录》一书。该书内载辨别伤寒舌法 12 首，附舌象图 12 幅，是为舌诊专著。至正元年（1341），杜本又在敖氏《金镜录》基础上，新增补了 24 幅舌象图，共合 36 幅，并加文字说明，撰成《敖氏伤寒金镜录》流传至今，是我国最早的验舌专著。该书舌象图中有 24 幅论舌苔，4 幅论舌质，8 幅二者兼论。书中的说明文字结合脉学分辨寒热虚实、内伤外感，不少方法时至今日仍有临床意义，受到后世高度的评价。明代薛己评此书“专以舌色视病，既图其状，复著其情，而后别其方药，开卷昭然，一览俱在”。

在内科方面，以对伤寒病的研究诊治最有成绩。代表人物有王好古、李杲、朱震亨等人。

王好古（约 1200—1264），字进之，号海藏老人，赵州（河北赵县）人。他进士出身，博通经史，广览医籍，曾拜著名医家张元素、李杲为师，尽得其学。他还随军出征，给将士治病，并曾任赵州公立庠校教授兼提举管内医学，晚年归居乡里。著有《阴证略例》一卷、《医垒元戎》十二卷、《汤药本草》三卷、《仲景详辨》等多种。他推崇仲景学说，特别注重伤寒阴症的研究，所著《阴证略例》对阴证的发病原因、证候、诊断与治疗，都作了详细的阐述，提出了许多独特见解。如他对于阴证的鉴别，把口渴、咳逆、发热、便秘、少尿、脉沉而细或浮按无力等作为辨证的重要依据。在治疗上，主张温养脾肾，并扩大了伤寒六经病的治疗范围，打破了伤寒与杂病的界限，体现了辨证论治的灵活性。

元代最著名的内科专家当推李杲、朱震亨二人。其详细情况下文专节介绍。

在外科和骨伤科方面，元代的成就最为突出。元新增设了正骨科。这是因为蒙古族进入中原后，将他们善于接骨治伤的经验也带了进来，与中原传统医学结合，促进了外科及骨伤科的迅速发展。突出代表人物有危亦林、李仲南、齐德之。

危亦林尤擅长骨伤科，在骨折复位手术和麻醉上有重要贡献，著有《世医得效方》十九卷。其详细情况将专节介绍。

李仲南于文宗至顺二年撰有《永类钤方》22卷，其中最末一卷“风损伤折”篇，专门讨论了骨伤科疾病的诊断与治疗。作者将骨伤诊治概括为明辨经络，相度损处，推按骨臼，拔伸收捺，接理夹缚，活血止痛，整洗敷贴等方面。重点论述了头骨、颈椎、脊椎、胸骨、肋骨、肱骨、前臂骨、指骨、髌骨等部位的骨折，以及肩、肘、髋、膝、踝关节的脱位。他提出用牵引法治疗颈椎骨折，“令患人卧床上，以人挤其头，双足踏两肩即出”。他对桡骨远端骨折“手腕失落”，其整复手法是“用衣服向下承住”，“用于拽伸”，“摇动二三次”，然后“使手捻住”，“贴药加缚”固定。这与现代整复桡骨远端骨折的方法完全一致。另外，肱骨外科颈骨折的整复法、小夹板固定治疗前臂骨伤等都与现代相同，治疗腰椎骨折的过伸复位法也与近代华生－琼斯氏（Wotson Jones）法相似。书中还载有许多切实可行的诊断方法。另李仲南还创制了缝合针“曲针”和引丝线，以及由内向外逐层缝合的方法。

齐德之曾任医学博士、御药院外科太医，长期从事外科医疗，在理论与实践方面均取得了较大成就。他于顺帝至元元年（1335）撰成的《外科精义》二卷，被誉为14世纪中医外科的代表著作。《四库全书总目》评价说：“德之此书，务审病之所以然，而量其阴阳强弱以施疗，故于痈科之中最为善本。”

齐德之强调外科疮肿“皆由阴阳不和，血气凝滞”所致，即疮肿虽发于局部，但与全身紧密相关。他重视整体观念，因此在治疗上注重辨证论治，主张内治与外治相结合，改变了以往外科疾病“惟恃攻毒之方，治其外而不治其内，治其末而不治其本”的现象，对后世外科学的发展有很大影响。

在内治方面，齐德之主要根据不同症状，用去热疏郁、祛寒驱邪、活血托里等药物；在外治方面，齐德之有砭镰法、贴肋法、溻渍法、针烙法、灸法、追蚀法等。他的《外科精义》中载汤、丸、膏、丹145方，并介绍了温罨、排脓、拔毒、止痛等多种方法，比较全面地总结了前代外科领域中的新成就。

在针灸学方面，出现了一批针灸学家及其著作。如滑寿、罗天益、王国瑞、杜思敬、忽泰必烈等人。

滑寿是元代著名针灸学家，又精内科、儿科等。所著《十四经发挥》三卷，对十四经穴循行部位、所主病症和奇经八脉均有专题论述。他的情况另有专节介绍。

罗天益，字谦甫，元真定路藁城（河北藁城）人，曾为太医。他师从李杲，又向窦汉卿太师学习针灸术，著有《卫生宝鉴》《试效方》《内经类编》《药象图》诸书。

罗天益以《内经》及李杲思想为指导，继承和发展了金元四大家的针灸学术思想，注重辨证论治，将针灸与服药结合起来。如他治癫痫病，曾取天柱、申脉、照海先各灸二七壮，次予沉香天麻汤三剂而痊愈。他师承李杲脾胃论，认为元气不足，诸病由生，而元气不足的原因，又在于脾胃之气受损。所以他在治疗上特别重视补养脾胃，钩玄李杲针法之精华，处方着重于中脘、气海、足三里三穴，其中绝大部分又以灸治获效。

罗天益对针法补泻颇多论述，时有新见，对穴法取法提倡“取男左女右手中指第二节内，度两横纹相去为一寸，以为定矣”。他的《卫生宝鉴》中开列了多种灸法治疗处方，如：风疾内作以三棱针在20余处穴位刺之即可痊愈；面生疣瘤，采用灸患部十壮之法治疗。下焦虚寒证及小儿惊风、癫痫、肋下满、腹痛等也各有针灸疗法。罗天益丰富了温补学派内容，并有所突破，促进了后世针灸的发展，为明、清医家如薛立斋、张景岳、郭古陶、夏春农等人所效法。

王国瑞，元代婺源（今江西婺源县）人，著名针灸医家窦汉卿的得意传人。曾撰《扁鹊神应针灸玉龙经》（1329）一书。该书内容依次为120穴玉龙歌85首、注解标幽赋1篇、天星11穴歌诀12首、66穴治证、子午流注心要秘诀、日时配合6法图、盘石金直刺秘传、针灸歌及杂录切要等。该书对各穴的补泻法及其位置进行了精研论述，在继承窦汉卿针法的基础上发展了子午流注针法，特别是他独创的逐日按时取穴的"飞腾八法"针法受到学界的高度赞扬。此针法以八脉交会八穴为基础，与八宫八卦的数字相配合，再根据日、时干支数字变化而演成，是明代广为应用的"灵龟取法飞腾针图"的先驱。周仲良赞誉他的《扁鹊神应针灸玉龙经》说:"此书之道，犹玉之孚尹旁达，光焰愈久而不磨。"当不为过。

杜思敬，元仁宗时名医，精医术，亦通针灸，曾辑《济生拔萃》，内有《针经节要》《针经摘英集》等针灸作品流传于世。他以《灵枢》为针灸学之源，引用了其中九针式、折量取穴法、补泻法等内容。他重视腧穴，特别是重视五腧穴在针灸中作用，对其体位取穴很关注。摘录一条"治耳聋耳鸣刺翳风，针透口中"，当为我国透穴刺的前身。

忽泰必烈，字吉甫，元翰林集贤学士，中顺大夫，曾著《金兰循经取穴图解》一书。惜今失传，今可从滑寿的《十四经发挥》中窥其大概，知其对人之手足三阴脉、三阳脉论述颇精详。

另外徐凤、葛乾孙及"金元四大家"对针灸也有不少精辟论述。徐凤把当时的补泻手法总结为三才分部法、调气法、烧山法、透天凉等，并归纳了"龙、虎、龟、凤"的飞经走气四法，为后世针灸学家所习诵。

在药物学方面，元代也涌现出了一批有价值的著作。

李杲著有《药类法象》《用药心法》二书。《药类法象》主要分用药法象、药性要旨、升降者天地之气交、用药升降浮沉补泻法、药类法象、标本阴阳论、五方之正气味等。《用药心法》主要分随证治病药品、用药凡例、制方之法、用药酒洗曝干、用药各定分两、用药根梢身例、用圆散药例、升合分两、汤药煎法、古人服药活法等。此二书虽然是对其师张元素《珍珠囊》理论的继承和发挥，但比《珍珠囊》更广泛系统，且有不少独创。如第一书中"用药法象"部分，即根据药物气味厚薄归类，用风升生、热浮长、湿化成、燥降收、寒沉藏五类归并了百味药，是为李杲创造，对后世用药产生了深远影响。李杲此二书部分内容存王好古《汤液本草》，李时珍《本草纲目》序列中亦有转引。

王好古著有《汤液本草》三卷，是易水学派诸家药理学说的集大成之作。该书上卷集录李杲《药类法象》和《用药心法》部分内容及王好古自己的论说，题为药理，相当于全书总论。中下卷分类评议药物200余，集录了《证类本草》中偏于临床用药的一些言论和张元素、李杲之说。资料丰富，要言不烦，反映了元药物本草学著作记载药物药性简要求实，而多在理论层次上探求阐述的特点。如将药物与脏腑经络、四时六气、阴阳五行等相联系，使中医用药从经验处方完全上升到理论处方阶段。

另外，至元二十一年（1284），世祖忽必烈曾命撒里蛮、许国祯集诸路医学教授增修本草，撰成《至元增修本草》，惜今已佚，内容也无从考。后医官尚从善编撰有一部综合性本草著作《本草元命苞》，九卷，流传至今。该书在《大观本草》基础上，选其实用者468品，详加论述，纂而成章。瑞州教授胡仕可也撰一部普及性药物学读本《本草歌括》，日本人冈西为人还将它称为"后世续出的药性歌端绪"。

元代医药学的成就还表现在涌现出了一批少数民族医药学家及重要著作，反映了当时各民族医学文化的密切交流。如蒙古族医学家萨谦斋及其《瑞竹堂经验方》，回族医学家爱薛。一些少数民族独特的医学及外国药物也传入中原。

（二）李杲及其医学著作

李杲在金元四大家中与张从正的医学理论针锋相对，他力倡“人以脾胃为本”“百病皆由脾胃衰而生”的脾胃论，反对滥用寒凉之品与攻下之法，被称为“补土派”。后世也有人称赞其医学理论为“医中王道”，号召后世有志学医者必尽读其书方可言医。

李杲（1180—1251），字明之，真定（河北正定县）人，因汉高帝前真定名东垣，所以李杲自号东垣老人。他家境殷富，幼年即开始读儒家经典，通《春秋》《诗》《书》《易》等经书。后母病，他延医服侍，尽心尽力，可终为庸医所误，至死都不知何病症。此事对他刺激很大，使他深为不明医理而后悔，从而发愤学医。于是捐千金拜易水名医张元素为师，数年后尽得其传，并多所阐发。

李杲

李杲，字明之，金元时期著名医学家，其主要著作有《脾胃论》《内外伤辨惑论》《活发机要》等。他是中国医学史上“金元四大家”之一，也是中医“脾胃学说”的创始人。

李杲拜师学成后，即行医社会，广为百姓治病，人以“国医”称之。他的好友元好问对他得此尊称犹有疑虑，于是随他遍历汴梁、聊城、东平等地行医数年，深为他药到病除所折服，于是盛赞他“一洗世医胶柱鼓瑟、刻舟求剑之弊”（见《东垣试效方》王博文序）。他治病能联系社会现实，准确辩证。如他生活在金末元初，战火连年不断。元太宗四年（1232），军队围汴梁城数月，内外不通，百姓断粮，加之疫病流行，死人无算。患者症状表现为发热、恶寒、头痛、身痛等，与感冒相似，诸医忽视社会因素按感冒进行治疗，不但没有疗效，反而加速了死亡。李杲认为这主要是由于城困民饥，患者脾胃受伤所致。这种情况以前在东平、太原、凤翔等地围城时也发生过。他采取治疗内伤补脾胃的办法治之，效果很好。

李杲在丰富医疗实践的基础上，很注意理论归纳与总结。先后著有《内外伤辨惑论》三卷、《脾胃论》三卷、《兰室秘藏》三卷、《伤寒会要》、《药类法象》、《用药心法》等。

李杲医学思想的关键是关于脾胃的论述。他认为，元气是人体之本，脾胃则是元气之源，所以脾胃伤则元气衰，元气衰则疾病所由生。进而论述人体之本的元气有升降浮沉规律，并指出其升降的关键在脾胃。这是因为脾胃供给人体营养，同时也排泄废物，从而推动了脏腑精气的上下流动、循环化生。而这化生中上升是非常重要的，如谷气上升，元气才能充沛，反之便会产生种种病变。如他说：“胃虚则脏腑经络皆无所受气而俱病”“脾胃虚则九窍不通”。

李杲认为，脾胃虚弱是由于元气不足、阴火过盛所致。而这阴火产生以至过盛的多种表现包括：“脾胃之气下流，使谷气不得升浮……乃生寒热”，即阳气不升，伏留化火；“营血大亏，营气伏于地中，阴火炽盛”，即津伤血弱、内燥化火；“肾间受脾胃下流之湿气，闭塞其下，致阴火上冲”，即谷气下流，湿火相合；“心生凝滞，七神离形，而脉中惟有火”，即心君不宁，化而为火等。进而归纳总结出饮食不周、劳役过度和精神刺激是造成脾胃虚弱、阴火亢盛的三个主要原因。其中精神因素又起着先导作用。他对汴梁城中饥民患病的辨识，就是基于这种理论根据。这些论述主要见于他的《脾胃论》和《内外伤辨惑论》两书中。

李杲既然对脾胃虚弱致病有了如此深刻论述，因此对如何调理也就提出了很好见解和行之有效的办法。他注重温补脾胃，益气升阳，尤其对中气不足所致的阴火病证，更是创立了著名的甘温除热法，即用甘温之剂来补益脾胃，升其阳气，泻其大热。他认为“内伤不足之病，苟误认作外感有余而反泻之，则虚其虚也”，“惟当甘温之剂，补其中升其阳，甘寒以泻其火则愈”。他创制的治疗脾胃机能的配方如补中益气汤，主治内热伤中、气高而喘、身热而烦、脉洪大而头痛，或渴不止，皮肤不任风寒而生寒热等证，被作为代表方剂制成丸药出售，直至今日仍在中药店有售。李杲在主要使用补气升阳法时，有时在阴火亢盛的情况下，还根据不同病症借苦寒药物从权施治。说明他对苦寒泻火或解表散火治法也不完全舍弃。但他认为苦寒泻火和解表泻火的目的也是为了照顾元气，与升阳降火相反相成。另外，李杲还将他的升阳汤用到其他各科疾病的治疗。如用圣愈汤治外科恶疮止血之证，黄芪肉桂柴胡酒煎汤治阴疽坚硬漫肿，用黄芪当归人参汤治妇科经水暴崩，用圆明内障升麻汤治眼科内障等。至于他的补中益气汤更是一方用于多科。这些都体现了他总体治疗的特点。

李杲创立“脾胃说”，形成补土派，实际上是向后人展示了一种增强脾胃功能、治疗脾胃疾患、增加人体免疫功能的总原则，是祖国医学宝库中的重要遗产。

（三）朱震亨及其医学著作

朱震亨是金元四大家中最晚出的一位，他学习前三家的医学理论与实践经验，并加以创造发挥，创立了“滋阴派”，在中国医学史上占有重要地位。朱震亨（1281—1358），字彦修，元代婺州义乌（今浙江义乌市）人。因世居丹溪之边，后人尊称为丹溪翁或丹溪先生。他幼年用功读书，能诗能文，稍长变得崇尚武勇，好打抱不平。乡里如有仗势欺人者，必出来理论。朱震亨30岁时，母亲患病，久治不愈，为了给母亲治病，他自学医道，经五年治疗，居然治好了母亲痼疾。从而追悔伯父、叔父、妻儿之死。36岁时，他听说朱熹的再传弟子许谦在家附近的八华山中开门讲学，遂去拜许为师，研讨理学。许谦知他夙志医学，后又鼓励他去学医，于是他再下决心，将科举书籍焚毁，专门学习医学。

朱震亨当初学医治病，多采用陈师文、裴宗元的《和剂局方》成方，后觉得要想成为名医，仅此是不行的。于是治装出游，访求名师，遍历江南、江北各地。最后于泰定二年（1325）夏，在武林（浙江杭州）拜名医罗知悌为师。他随罗学习两年，尽得罗氏之学，并旁通张从正、李杲之说。归乡后，乡间诸医“始皆大惊”，不知他在外面学到了多大本事，继而看他治病用药有神效，遂衷心佩服。

朱震亨在医学理论研究方面既认真学习借鉴前人经验，又不为前人所囿，认为“操古方以治今病，其势不能以尽合”，所以主张“推陈致新”。并在此思想指导下，著成《格致余论》《局方发挥》《伤寒辨疑》《本草衍义补遗》《外科精要新论》等书。

《格致余论》是朱震亨的代表作，它比较集中地反映了作者的以“阳有余，阴不足”为基础的医学思想。他认为，天与日为阳，地与月为阴，天运于地之外，故天大于地，日属阳常满，月属阴常亏，故日明于月。而“人受天地之气以生，天之阳气为气，地之阴气为血”，所以“气常有余，血常不足”。更加之人体的生长、发育与壮大过程中，以及人的视、听、言、动都需要阴气供给，因此阴气常处于“难成而易亏”的状态。更何况“人之情欲无涯”，人心易受声色犬马等物欲引诱而心动，这心动则引起相火妄动，进一步损伤阴精，这阴精虚损就是多种疾病的致病机理。朱震亨对这相火妄动而损伤阴精的原因进行了详细分析，他认为主要有情志过极、色欲无度、饮食厚味等几方面，这是相火妄动致病的病机。所以，朱震亨在临床治疗上，主张以补阴为主，或滋阴降火。他认为“补阴即火自降”，而泻火也即可以补阴，倡导泻火养阴之法，被后人称为“滋阴派”。他的这种学说，既补充了刘完素的“火热论”，也发展了李杲以益气升阳为主的“阴火说”。他创制的“越鞠丸”“大补阴丸”“琼玉膏”等滋阴降火名药，一直到今天仍有借鉴作用。

朱震亨力主滋阴降火，其中又以治疗脾胃病方面表现得最为具体。他认为脾胃在人身号称“中宫”，胃纳脾运，滋养气血，人赖以生，诸病赖以治。脾司升清，胃主降浊，脾胃升降是人体生理代谢的重要环节，乃“升降之枢纽”。一旦“七情内伤”或“动作劳苦”“六淫外侵”“饮食失宜”“药饵违法”等因素长期侵犯人体，则可使“脾土之阴受伤，转运之官失职，胃虽受谷，不能运化”，“清浊相干，乱于肠胃”，发生“脏腑经络皆无所受气而俱病”。所以他主张“诸病先观胃气”。强调“补养脾土，全其运化之职”，促使浊败之气“其稍清者，复回而力气、为血、为津液；而浊败者，在上为汗，在下为溺，以渐行分消矣”，从而达到扶正祛邪、滋阴降火之治病目的。《格致余论》里有很多关于诊治脾胃之心腹痛、泄泻、呕吐、肿胀、鼓胀、中风、痰证、郁证等行之有效的验方。

朱震亨的医学思想虽然以“阳有余阴不足”为其主要点，治疗上主张滋阴降火，但他也很注重辨证施治，该补阳的地方亦补阳。如他提出痰热生风理论，认为东南之人多是湿土生痰，痰生热，热生风。其治疗方法应以治痰为先，而“实脾土，燥脾湿”，即燥阳降湿为治痰之本。又如对郁病的论述，认为人身诸病多生于郁。而郁又分气郁、湿郁、热郁、痰郁、血郁、食郁等六种，它们既可单独为病，又常常相兼致病。一般气郁为先，郁久则多能化热生火，其治疗就重在调气，郁久须兼清火。朱震亨这种灵活用药、因病治方思想，对后世是多有启迪的。

朱震亨《格致余论》中还专辟“饮食箴”“食欲箴”“茹淡论”“养老论”“房中补益论”等篇章，对人的养生诸问题进行了阐述。他提出幼年时不宜过于饱暖，青年时应当晚婚以待阴气长成，结婚后应当节制房事，不能纵欲无度，饮食方面应当节忌肥腻食物。他还特别强调注意动静与养生的关系，主张在动的基础上要注意静，动静相间，以静为主，清心寡欲，保养阴气，才能使人体保持阴阳平衡，从而达到健康长寿之目的。

《本草衍义补遗》是朱震亨关于本草药物学方面的著作。全书载药153种，各药叙述无定式，内容或详或简，或仅数字言其主治，或详论药理及药材鉴别。如石膏条，先归纳药品命名多以色、气、质、味、能为依据，进而引出鉴别石膏与方解石的证据。朱震亨论药，除仍借助寻常药性外，尤其重视各药的阴阳及五行属性，并以此推演药理，如“鲫鱼：诸鱼皆属火，惟鲫鱼属土，故能入阳明而有调胃实肠之功”等。是朱震亨对本草学方面的贡献。明人李时珍对此书给予了褒扬。另朱震亨的《局方发挥》对当时医界机构搬用《和剂局方》大量使用辛香燥热之剂，耗损阴精，提出了批评，主张要善用滋阴养阴药物。

朱震亨的医学思想与临床成就在元末明初医学界占有极重要地位，他被誉为“集医之大成者”。直接师承他的有10余人，私淑他的弟子就更多了。同时，他在国外也产生了相当大的影响，日本就在15世纪成立过“丹溪学社”以研讨提倡朱丹溪的学说。

（四）危亦林及其《世医得效方》

危亦林

危亦林是元代著名医学家，江西历史上十大名医之一。

危亦林（1277—1347），字达斋，江西南丰人。他出身于医学世家，其高祖云仙长内科，伯祖子美精妇科、骨科，祖父碧崖善儿科，伯父熙载专眼科。他自幼勤奋好学，博览医籍，深得家传。他对内、外、妇、儿、眼、骨伤、口腔咽喉等科均有研究，尤其擅长骨伤科。他学识渊博，医术高超，曾任南丰州医学教授。他在长期的临床实践中，深感古代医方浩如烟海，难于检索应用，于是参考元代医学 13 科目以分类，“依按古方，参以家传”，自泰定五年（1328）起，历时 10 年，于顺帝至元三年（1337）编成《世医得效方》20 卷。后经江西医学提举司送太医院审阅，在至正五年（1345）正式刊印。

《世医得效方》是一部系统而丰富的综合性医著，特别是在骨伤科疾病的诊治方面达到了很高的水平，为祖国传统医学做出了杰出贡献。如书中对人全身的骨折及关节脱位进行了全面而深刻的论述。作者将四肢骨折和关节脱位归纳为“六出臼、四折骨”。六出臼即指肩、肘、腕、髋、膝、踝六大关节脱位，四折骨是指肱骨、前臂骨、股骨、胫腓骨四大长干骨骨折。并强调在诊断骨折的时候，必须要触摸辨别骨折移动的方向。首次记载了肩关节有前上方脱位和盂下脱位两大类型，指出足踝部骨折脱位有内翻和外翻的区别，进而对邻近关节部位的骨折或脱位合并骨折又有较深刻的认识。这表明我国元代骨伤科已对人体主要骨折与关节脱位有了较深刻的认识，大大丰富了祖国医学宝库。

《世医得效方》在骨折与脱位的治疗方面有很多发明与创新。如其中第十八卷正骨金镞科（骨伤科），记述了危亦林在治疗最棘手的脊椎骨折时，首创世界悬吊复位法的成功治疗过程。危亦林认为脊椎骨折大多由挫伤所致，往往引起压缩性骨折，单靠手法整复难以复位，因此需要用悬吊的方法才行。具体做法是“须用软绳从脚吊起，坠下身直，其骨使自归窠，未直则未归窠，须要坠下待其骨直归窠”，即用软绳从脚吊起、坠下，利用自身重力，使脊椎复位。最后又用大桑皮固定。这种悬吊复位的方法，不仅是我国骨伤科史上的重大发明，也是世界医学史上的创举。英国医生达维斯（Davis）在 1927 年才应用悬吊复位法治疗脊椎骨折，比危亦林晚了 600 多年。

危亦林在治疗肩关节脱位时，采用“架梯复位法”和“杵撑坐登法”，在世界医学史上亦处领先地位。其复位原理类似唐代的“椅背复位法”，但已不需医者的牵引和旋转，仅借助患者自己的身体下坠力来达到复位的目的。另外，《世医得效方》里记载危亦林对肘部脱臼骨折的治疗方法，除用手法复位外，还提出用夹板外固定。对足踝关节骨折脱位，则主张用牵引、反向复位的方法。在骨折复位后，强调要进行适当的活动，以防止关节的粘连。如肘关节复位固定后，“不可放定，或是又用拽屈拽直。此处筋多，吃药后若不屈直，则恐成疾，日后曲直不得”。治疗膝关节也指出：“服药后时时用曲直，不可定放。”

危亦林在《世医得效方》中，还特别重视麻醉术在骨折脱位治疗中的应用。他主张在骨折、脱臼复位时，先行麻醉，待病人不知痛时方可下手。他常用曼陀罗、乌头等麻醉药物，对其功效和使用方法进行了论述，并提出使用剂量应根据患者年龄、体质、出血状况等而定。这是危亦林在我国医学史上继华佗之后对麻醉方法的新的发展，而华佗麻醉法详情已不得而知。危亦林关于麻醉法的这些论述与要求，与现代医学麻醉原则基本相同。在欧洲于 19 世纪中叶发明乙醚、哥罗仿等麻醉药之前，日本著名外科医生华冈青州曾于 1805 年使用过曼陀罗作为手术麻醉药，被誉为世界麻醉史上的佳话和先例，实际上他比《世医得效方》记载晚了 460 多年。

《世医得效方》对骨伤科以外其他各科疾病的诊治也多有记载。如载有以盐水催吐，治疗霍乱、心腹暴痛、宿食不消的成功经验。还有他进行外科手术的情景："肠及肚皮破者，用花蕊石散敷线上，轻用手从上缝之，莫待粪出，用清油捻活，放入肚内。"缝合时必须"从里重缝肚皮，不可缝外重皮"。此书里还记载了危亦林既学习借鉴前人宝贵经验，又不为所囿，能根据不同情况辨证施治，灵活运用，勇于探索发挥的事实。实际上，他编著《世医得效方》一书，本身就突破了祖传秘方秘不示人的传统观念。他化用古人小柴胡汤，视病证适当加大黄等药，不仅可清表解热，还可清恶血，利便溺。这些都反映了他善于化裁古方的创新思想。

危亦林是我国元代一位著名骨伤科专家，他在其他各科疾病诊治方面亦有较深的造诣，是我国医学史上有重要影响的人物。

（五）滑寿及其《十四经发挥》

滑寿（1304—1386），字伯仁，号樱宁生。他祖籍襄城（今河南襄城），生于江苏仪征。自幼聪敏好学，能诗能文，曾拜儒学大师韩说为师，学习儒家经典诗文，并考取乡举。后遇京口（今江苏镇江）名医王居中来仪征行医，他便转投王居中门下学医。在此期间，他在王居中指导下，精读了《素问》《难经》等中国古典医籍，并对其进行了考订校释，著成《读素问钞》《难经本义》，学业大有长进。

后来，滑寿不满足于已有的医学理论知识和临床医术，并有感于当时医界对针灸学不够重视的现实，转而致力于针灸的学习。他认为，当时“方药之说肆行，针道遂寝不讲，灸法亦仅而获存”，故“针道微而经络为之不明”，“经络不明，则不知邪之所在”，于是遍访名家，拜著名针灸学家高洞阳为师，学习针灸。高洞阳为北方名医，学术思想类似李杲，医术全面而高深，滑寿经过几年工夫，尽得师传，并结合临床实践著成《十四经发挥》一书。

《十四经发挥》为滑寿的代表作，共3卷，成书于顺帝至正元年（1341）。其上卷为手足阴阳流注篇，中卷为十四经脉气所发篇，下卷为奇经八脉篇。全书对十二正经和奇经八脉的起始与终点，穴位的分布、位置，气血、经络的运行，进行了细致的考察，发现督脉和任脉有经有穴，和其他奇经不同。滑寿认为，人身上有任脉和督脉，好比天地有子午线。人身上的任、督是以前后的腹背而言，天地的子午线以南北而言，可以分亦可以合，分开来好像阴与阳不会混淆，合起来就浑然成一个整体。所以任、督两脉应该与十二正经并列，称为十四经。滑寿在《十四经发挥》中，还对十四经脉及周身657个穴位图章进行了考证训释，并附以韵文表达，使他所论述的经络循行、空穴的部位等内容非常清晰明了。

《十四经发挥》
《十四经发挥》是在元代忽泰必烈的《金兰循经取穴图解》的基础上充实而成的。《十四经发挥》的主要特点是以十二经脉的流注先后为序注明有关穴位。

滑寿的《十四经发挥》，其理论根据是古代医籍《内经》和《难经》的一些观点，但他经过自己的精心研究，多所发挥。如对任脉、督脉的认识以及其他十二正经的阐释，补入了各经所属的经穴等，从而使针灸又得盛于元代，并成为后世针灸医家的规范。正如近代针灸学家承淡庵所说："元代针灸能够盛行，应归功于滑寿。"滑寿《十四经发挥》不仅在国内有如此影响，而且还流传到了日本等国。日本国针灸医学的兴盛，就是从《十四经发挥》传入以后。

《十四经发挥》成书后，到清代国内只有薛内斋附刻于《薛氏医案》一种，直至近代承淡庵医师去日本考察针灸时，才发现了它的古本，买了回来。这个版本比日本人译本和薛氏本均详细。从此，《十四经发挥》得以更广泛地流传。

滑寿不仅擅长针灸，而且在内科、外科、儿科等科亦有独到之处。时人称他精于诊而审于剂。他著有《伤寒例钞》，对伤寒等杂病有不少妙方，《宋元明清医类案》就选录了其中数则。

滑寿不仅有高超的医术，而且医德亦高尚，他治病无论贫富贵贱，只要有求于他，即马上前往诊治，有时还无偿施医施药。所以在江南北和浙东西一带享有盛名，有病者以得他一言诊断而死亦无憾。

（六）蒙古族医学家萨德弥实及其《瑞竹堂经验方》

萨德弥实，号谦斋，又名沙图木苏，蒙古族。初任石首县（今石首市）达鲁花赤，武宗至大四年（1311），除南台御史，入为监察御史。英宗至治元年（1321），迁南台经历、江浙行省郎中。泰定年间，擢为江西建昌路总管。他同时是一个具有较深医学造诣的医学家，他利用工作之便，钻研历代名医方书，搜集民间验方，将其确有效验者，分门别类编成《瑞竹堂经验方》十五卷。

《瑞竹堂经验方》成书于泰定三年（1326），共15卷，分作15门，每卷1门。其中诸风门，载药方40个，主治腰酸腿疼、半身不遂、手足麻木、口眼歪斜诸症；心气痛门，载方5个，主治急慢性心痛病；小肠疝气门，有方14个，主治小肠疝气、阴囊肿痛、偏坠搐痛、脐下胀痛等症；积滞门，载方16个，主治消化不良、肚中有虫、胸膈痞满、四肢困倦、呕吐等病；痰饮门，有方12个，主治肺病、支气管炎等病症；喘嗽门，有方4个，主治咳嗽、气喘等病；羡补门，载方60个，是本书中重点，其方多为滋补类，有不少是人参、鹿茸、麝香等贵重药品，主治肾虚、体弱多病、眼目昏花、脏腑虚弱、五劳七伤等症；泻痢门，载方11个，主治红白痢疾、腹泻肚疼等病；头面口眼耳鼻门，载方34个，主治偏正头疼、眼目昏花、视物不明、眼内障病、红眼病，以及耳聋、鼻衄出血等病；发齿门，载方18个，主治头发脱落、牙疼、白发等病症；咽喉门，有6个方剂，主治单双乳蛾、咽喉肿痛等症；杂

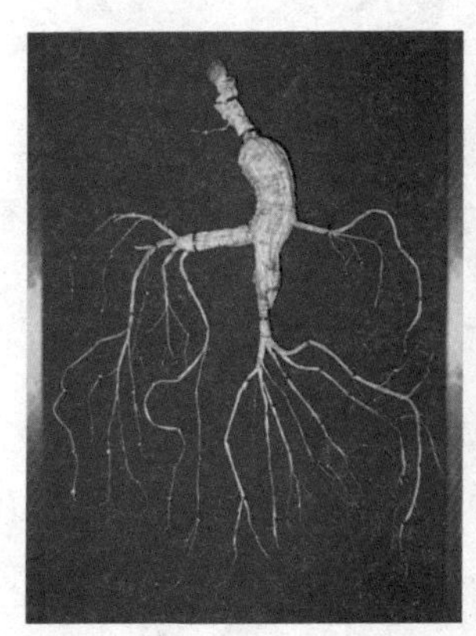

人参

人参属多年生草本植物。其肉质根为著名的强壮滋补药，适用于恢复心脏功能、神经衰弱及身体虚弱等症。

鹿茸

鹿茸是雄鹿未骨化密生茸毛的幼角，是名贵的中药材，性温而不燥，具有振奋和提高机体功能之效，可治肾虚、筋骨痿软、崩漏带下及久病虚损等症。

治门，有医方 22 个，主治小便白浊、遗精、毒蛇咬伤、狂犬病、破伤风、刀伤、反胃呕吐等多种疾病；疮肿门，载方 53 个，主治疔疮、背疽、疥疮、头疮、皮癣、刀斧伤等各病；妇人门，载方 16 个，主治妇女月经不调、难产、血崩、血积疼痛等多种妇科疾病；小儿门，载方 33 个，主治小儿心腹胀满、呕吐气急、腹泻、消化不良、痢疾、脏腑怯弱、口疮、热毒斑疹、心神烦闷、咳嗽等儿科各种疾病。

《瑞竹堂经验方》以其丰富的内容和卓有成效的药方，在我国药物学史上有一定影响。明《永乐大典》称此书"其处方最为醇正"。元人王都中、吴澄在此书序中说："谓病之有方不难，而方之有验为难"，而萨德弥实书中之方"遇有疾必谨试之，屡试屡验"，并断言《瑞竹堂经验方》将流传后世。明代著名药物学家李时珍在其《本草纲目》中就吸收了此书大量的内容。此书后还流传入日本。

《瑞竹堂经验方》一书在我国数百年来一直流传不断，时至今日中医常用的一些方剂中，不少仍是此书所载原方，或经过后人加减修改演变来的验方。如现在常用的八珍散，即萨氏书中所载的四君子汤、四物汤的并方，今天的四制香附丸等成方，亦多出自此书。此书疮肿门中所载返魂丹，与今天所常用的梅花点舌丹、夺命丹多所相似，所治病症也相同。另外，此书值得引起注意的一个特点是，作者是蒙古族，他很注意北方地区气候寒冷和蒙古族人民由于游牧生活很容易发生骨伤阴冷病的实际，书中所载验方，治疗骨伤及风寒湿痹的方剂数量占有很大比例。如活络丹、木瓜虎骨丸、黑弩箭丸、换骨丹、七乌丸、接骨丹等。这些是"由北人气禀壮实，与南人异治故也"。在成药方面，此书中所列方剂大都是散、丸、膏、丹，汤剂很少，这也适合北方草原游牧民族人民游牧生活的需要。在分门别类方面，也较合理得体。由此可知，《瑞竹堂经验方》确为我国 14 世纪初的一部有价值的医学著作，其部分内容鲜明地反映出地方特色与民族特色，其实际功效与使用价值也为几百年来的医学实践所证实。

《瑞竹堂经验方》一书在元明时期曾多次刊行，共 15 卷，但原版今已难觅，今可见者是《四库全书》从《永乐大典》中转录的部分内容，只有 5 卷 24 门。后清人丁嘉鱼又从明滇府《袖珍方》里再辑录一部分

《四库全书》

《四库全书》是中国古代规模最大的丛书，在乾隆皇帝的主持下，由纪昀等 360 多位高官、学者编修。此书分经、史、子、集四部，故名“四库”。

编入《当归草堂医学丛书》中，其集方 188 个。1957 年，国内曾按此版本校印出版，但从所载方剂数字来看，“计亡阙已十之五六”，且有不少重复与虚漏之处。1982 年，浙江中医研究所与湖州中医院，经过广泛搜集，重订出版了此书。他们将诸多版本史料相互校对，删重补缺，合辑得方 344 个，并按各方药性编入相关门类，编辑成《重订瑞竹堂经验方》一书，于 1982 年由人民卫生出版社正式出版。该重订本比较接近萨德弥实原书的面貌，是研究萨氏《瑞竹堂经验方》最好的本子。

（七）蒙古族及其他少数民族医药学

我国诸多少数民族在医药学方面亦有自己独特而悠久的传统，及符合本地区本民族生活特点的行之有效的治疗方法，并与汉民族和各少数

民族之间多所交流，为丰富发展中华医学做出了自己的贡献。如蒙古族、藏族、维吾尔族等民族的医药学。

1. 蒙古族医药学

蒙古族地处大漠南北，气候条件较恶劣，同时由于从事游牧生产，容易跌打损伤，所以他们在长期的生产生活中，特别是与疾病进行斗争的过程中，很早就总结出了一套行之有效的防病治病方法。在诸如灸疗、正骨、外伤、内科、饮食疗法等方面均有独到之处。如蒙古族的灸疗，在很早以前就有记载。成书于1000多年前的藏医名著《四部医典》中，就记载有“蒙古灸”。蒙古灸疗是从热敷疗法发展而来的，它是一种“(奶油)拌小茴香涂在毛毡上加热裹敷的疗法”。中国古代医籍《黄帝内经》里记载说：“北方者，天地所闭藏之地也。其地高陵居，风寒冰冽。其民乐野处而乳食。藏寒生病，其治宜焫。故灸焫者，亦从北方来。”虽然《黄帝内经》所说泛指北方民族，但肯定也包括了蒙古族的先民，并指出内地的灸焫（即灸法）亦最早由北方传进来。灸疗这种蒙古族的传统疗法，具有操作简便，用具简单，疗效确实，适合游牧民族生活条件和生活方式及北方寒冷气候的特点。

据13世纪波斯著名史学家拉施特所著《史集》中言，早在蒙古汗国以前，蒙古族人民就有自己的药剂与疗法，如他们掌握了用“合迪儿”（一种烈性药）来治病。此书又说蒙古兀剌速惕、帖良古、客失的迷诸部“以熟悉蒙古药剂，用蒙古方法很好地治病而闻名于世”。虽然由于史书对这些药物及其疗法详情疏于记载，但此时蒙古族人民已懂得用药物方剂来治病是肯定的。

蒙古族在古代对骨伤和外伤的疗法有独到之处。如在蒙古汗国前后已有史书记载蒙古族人用烧红的烙铁烙治流血的伤口，窝阔台汗受箭伤时就接受过烙治。他们还用刚刚宰杀的牲畜皮裹于患处治疗外伤，用蒸气热罨的活血方法治疗内伤，用热血浸疗法治疗箭伤。如《元史》里记载，成吉思汗的名将孛斡尔出在一次奋战中“身中数矢，太祖视之，令人拔其矢，血流遍体，闷仆几绝。太祖命取一牛，剖其腹，纳孛斡尔出于牛腹浸热血中，移时遂苏”。另外，据《元史·耶律楚材传》记载，蒙古汗国时期，蒙古族人民已习用大黄等药物治疗军中流行的瘟疫；《长春真人西游记》记载，蒙古族牧民喜用肉苁蓉治病。西藏著名医学家宇妥的传记中，有关于蒙古刺血疗法传到西藏的记载。刺血疗法是蒙古族的传统外治术之一，它简便易行，在治疗外感风寒方面确有奇效，至今仍为蒙古族人民所习用。

古代蒙古族人民虽然有一定的医疗手段，但毕竟受自然条件与科技水平的限制，缺医少药，所以，他们很注意利用饮食来达到防病治病目的。他们认识到，一般随处可见的食物如奶食、肉食、肉汤之类，只要食用得当，都可以起到滋补强身、防病治病的作用。特别是羊肉性暖，对暖肚祛寒有奇效。这是古代蒙古族人民从长期的生活实践中总结出来的饮食疗法的前身，这种治疗法很适应于以游牧为主、狩猎为辅的蒙古族人民的劳动与生活。其后他们用马奶酒治病等就是在这一基础上发展起来的。

元朝建立后，蒙古社会制度也已进入了封建社会时期，加之国内各兄弟民族经济文化交流的广泛开展，与国外交往也空前活跃，所以，蒙古族医药学也从古代的萌芽时期进入了一个新的发展阶段。这主要表现在蒙医学已积累了丰富的医疗经验，形成了一定的医疗理论，并有太医院、上都惠民司等医疗机构进行管理。

在医疗理论方面，据史书记载，蒙医学者已认识到人体正常的生理活动主要靠赫依、希日、巴达干“三要素”来维持。三者在体内相互平衡时保持着人体健康，如失去平衡则会出现病变。其中赫依可以调节生命活动的各个环节，它是人体各种生理功能的动力。如果人体因忧虑过度、精神紧张、饮食劳倦、房劳不节及吐泻和失血过多等原因，就会造成赫依失常偏盛，引发神经衰弱甚至失常及腰腿关节疼痛等症状。希日，是维持人体体温及各组织器官热能的物质。它属阳性，与肝胆等脏器关系最为密切，可滋生阳火、振奋精神、消化食物。但如果因天气炎热、饮食不当、劳累过度等，希日就会偏盛，造成口苦、烦渴、狂躁等热性病状。巴达干，是存在于人体内的营养性物质，性属阴。如果它的比例适当，可增强体质、帮助消化、滋润皮肤，如着冷受凉、劳累过度、过食油腻等就会使它失调，从而出现消化不良、腹胀满闷、腰腿酸痛等寒性病症。当然，这些论述多见于明清以后的蒙医学著作，不过从其论述中亦可窥到元代蒙医学也已通晓这些道理，并辨证施治。明清以后，蒙医学对这三者论述更详细缜密，每一因素失调引发的病证多达数十种，相应采取的方剂也很多。

另外，元代蒙医学大量采取的灸疗法，以热动物皮裹患处等疗法是以热治寒的理论为指导的，而以马奶酒进行滋补治病又是以寒治热理论的体现。此二者说明今日蒙医学将疾病分为寒热两大类，在元代已初其端倪，或者说元代为后代提供了丰富的临床实践经验。

马奶酒

马奶酒性温，有驱寒、舒筋、活血、健胃等功效。被称为元玉浆，是“蒙古八珍”之一。

在人体解剖方面，元代蒙医学者也进行了初步的尝试。如据史书记载，世祖中统三年（1262）的一次战争中，一勇将左肩中箭拔不出，为治疗其箭伤，上命取死囚二人杀之作解剖，知此位置深浅方位，然后取出了这位勇将体内的箭，治好了他的箭伤。这种以人体解剖指导治疗，不但丰富了蒙医学对人体构造的认识，也促进了其骨伤科的发展。

在骨伤科方面，元代蒙医学已突破了前期只能一般正骨治外伤的局限，将其发展为具有丰富临床实践经验和理论指导的学科。其正骨已不只是一般的脱臼复位，还能对脊椎骨伤等疑难病症治疗。有的笔记体史书里曾出现这样的记载，一勇士脑袋被砍下，医者赶快杀了骆驼，开腔将勇士头与脖颈放入使其热，然后相接，鲜活如初。当然这种记载未必可信，不过借此说明当时蒙医学骨伤术已达到了出神入化的地步或许可为佐证。蒙医学治疗骨伤的技术在元代传入内地，还促进了中国元朝骨伤科的发展。另外，蒙医学在使用热动物皮治病的基础上，在元代还扩展为用鱼皮裹患处亦可治病。如《元史》里记载世祖忽必烈曾遣使赴高丽取鱼皮以治脚疾。说："以其（鱼）皮作靴（穿）则立愈，盖帝有足疾故求之。"于是高丽王献鱼皮十七领。动物皮即用是热的，而鱼系冷血，其皮当然也是冷的，冷热皮裹患处都可治病，这可以说是蒙医学的一个创造。今天用羊皮、艾虎皮裹患处治病，在内蒙古牧区或半农半牧区仍有使用。

在饮食疗法方面，元代蒙医学的认识比前期更进了一步。如知道马奶酒性冷、味甘、止渴、治热，广泛应用。《鲁布鲁克东行纪》里写道："忽迷思（马奶酒）为蒙古人游牧习用之饮料……忽迷思可以久存，相传其性滋补，且谓其能治瘵疾。"说明元时蒙医对马奶酒等饮食治病已有了深刻认识。

另外，据史书记载，元代蒙古人还善于治疗脑震荡。惜具体治疗法语焉不详，无从知道，不过从今天蒙医学者治疗脑震荡的具体操作可知，是采取"以震治震，震静结合，先震后静"的辨证治疗方法，即根据不同症状采取不同治疗法。

元代蒙医学还吸收了国内外其他民族的先进经验。如：曾将本草类书译成蒙文；元政府设了广惠寺，由阿拉伯医生主持；元上都有意大利医生行医；以及引进藏族医学等。这些都对蒙医学产生了良好影响。同时，蒙医学对其他民族的医学也产生了积极的影响。

元代是蒙医学形成发展的重要时期，它为后代蒙医学的发展与完善奠定了坚实的基础。今天蒙医学在诊断方面采取望、问、切，有消、解、温、补、和、汗、吐、下、静、养等方法，治病多用成药，并总结出饮食疗、灸疗、罨疗、瑟博素疗、皮疗、温泉疗、针刺放血疗、按摩疗等疗术。以上方法有不少在元代已有记载。

文成公主

文成公主知书达礼，不避艰险，远嫁吐蕃，为增进汉藏两族人民亲密、友好、合作的关系，促进两地经济文化交流做出了历史性贡献。

2. 藏族医药学

藏族医药学具有悠久的历史，唐代文成公主嫁吐蕃松赞干布时，是藏汉医药学交流颇为活跃的时代。文成公主于唐贞观十五年（641）进藏时，带去了大量的书籍和百工技艺（包括药品和医生）。这些书籍中有医方相关百种、诊断法相关五种、医疗器械相关六种、医学论著数种，并被译成藏文，取名《医学大全》（藏名《门杰钦木》）。后来金城公主进藏时再次带入大批医药人员和书籍，当时汉医马亚纳和藏医别鲁扎纳等根据这批医学著作编著成《月王药诊》（藏名《门杰代维加布》）。这种交流促进了藏

松赞干布

松赞干布在位期间平定吐蕃内乱，极大扩张了吐蕃王朝的版图，使吐蕃成为青藏高原的强国。

族医药学的发展。

据藏文文献记载，藏族医药学系统的真正创立，主要得益于吐蕃王室御医宇妥·云丹贡布的重要贡献。8 世纪后期，宇妥·云丹贡布受吐蕃王室的派遣，数次入唐，在五台山、打箭炉、藏南、日喀则，以及印度、尼泊尔、巴基斯坦等地游历，学成医药学返回吐蕃后著成《四部医典》(或译作《医方四续》)，分为“根本续”“详解续”“口诀续”“外续”，对人体病理、病症分类、治疗方法、炮制药物等作出了全面辩证的论述，奠定了藏族医药学的基础。宇妥·云丹贡布也被后人尊称为医圣。到了元代，由于各民族文化交流的广泛开展，藏族医药学在《四部医典》的指导下，无论在理论还是临床诊治方面都有了长足发展。此时藏族医药学对蒙古族等民族的医药学影响尤为明显，现代蒙医学仍将《四部医典》作为重要典籍来学习，同时蒙古族及汉族等民族的医药学也对藏族医药学产生了影响。

元代是藏医学的承前启后时期，它对今天藏医学的繁荣发展影响颇深。藏族医药学的主要理论认为：人体由经脉肌骨和五脏六腑构成，存在着三种基本因素（风、火、水土）、七种物质（饮食、血、肉、骨、脂、髓、精）和三种排泄物（尿、粪便、汗），人体因内外因素失调而产生疾病。其诊断学主要特点为望、闻、问、切，如望舌苔、辨尿色味、询问病情和以三个手指切诊寸、关、尺脉等。其治疗方法分内外两种疗法。内疗服用药物，也有因迷信而服用符篆等者；外疗有手术、针砭、艾灸、拔火罐、按摩、敷药、熏蒸、擦浴等方法。药物主要有动物、植物、矿物及人体之物等，将其炮制成丸、散、膏、丹、汤、浆、油、酒等使用。另外，元代还有念诵经咒、祈祷等治病方法。

藏族医药学还有建立学校培养学生的传统。元代主要是在寺院里培养，到了 1916 年，拉萨成立了“门孜康”，汉意为藏医藏历院，使这种教育进一步走上正轨。

3. 维吾尔族医药学

维吾尔族医药学亦有悠久的历史和比较完整的理论体系，亦是中国医药学的重要组成部分。我国唐代官方修撰颁行的药物文献《新修本草》中，就记载有新疆出产的药物 100 多种，说明当时维吾尔族先民已掌握了比较科学的施药治病方法。另早在高昌回鹘（西州回鹘）时期，维吾尔族已有回鹘文医书，其中有许多治疗内科、外科、眼科、皮肤科、妇产科的药方，并包括了食疗方。在喀喇汗王朝（黑汗王朝）时期，能进行外科手术的著名医师伊麻木丁·喀什噶里曾撰写了《医疗法规解释》一书。

到了元朝，维吾尔族医药学与汉族等民族的医药学进行了广泛的交流。如维吾尔族著名翻译家安藏曾将《难经》《本草纲目》等汉文医学著作，翻译成维吾尔文，向维吾尔族人民介绍汉族的医学成就。汉族等民族也吸收了维吾尔族医学的一些独特治疗方法。这种交流与学习，使维吾尔族医药学无论在理论建构还是具体临床诊治方面，均有了很大的发展，形成了独特的体系。如其理论方面坚持以“土、水、火、空气”为代表的“四大物质学说”，及“血津、痰津、胆津、黑胆津”的“四津体液学说”，对人与自然、人体内部也有系统的辨证理论。在诊断方面，重视查脉、望诊和问诊。在治疗方面，对内科疾病以服药为主，多用糖浆剂和膏剂，并有熏药、坐药、放血、热敷、拔火罐、饮食疗法等方法，对心脏病、肝胆病、胃病、结石、痢疾、精神病等病症有较好疗效。忽思慧的《饮膳正要》里就记载有维吾尔族饮食疗法。对外科疾病有服药、敷药、烙法、热罨、结扎与普通手术等治疗方法。在吐鲁番等地还有埋沙疗法，此种方法对治疗各种类型的关节炎、慢性腰腿疼、坐骨神经痛、脉管炎、慢性附件炎等有明显疗效。这种方法后还传入了蒙古地区及内地。

八 食疗学与养生学

食疗学与养生学本是中国传统医学的一个重要组成部分，也是中华民族文化中的一份宝贵遗产。它源远流长，早在 2000 多年前的医学著作及其他著作中就已有记载，其后历代不衰，到了元代，在中医理论的指导下，加之统治者比较重视，使其又有了长足发展，形成了一门独立的学科，所以本书单辟一章给予介绍。

元朝统治者对食疗学比较重视，如元著名饮食家、饮膳太医忽思慧在上世祖忽必烈表中说："钦惟世祖皇帝圣明，按周礼天官，有医师、食医、疾医、疡医，分职而治，行依与故，设掌饮膳太医四人，于本草内，选无毒无相反，可久食补益药味，与饮食相宜，调和五味，及每日所造，珍品御膳必须积制……至于汤煎琼玉，黄精、天门冬、苍术等膏，朱髓、枸杞等煎，诸珍异馔，咸得其宜。"（见忽思慧《饮膳正要》

序）可知元代开国之初，即非常重视宫廷饮食卫生，专设饮膳太医四人，掌管宫中饮食起居，并制定了详细的规章制度，具有相当的科学水平。

元统治者对养生学亦非常重视。早在太祖成吉思汗时代，就曾召著名道教人物长春真人邱处机到西域论讲长生之道。世祖忽必烈登基称帝后，施行汉法，对儒、释、道、医、卜等文化人相当重视，让佛、道等宗教自由发展并加以扶持鼓励，使其气功等养生法在阐释前代典籍的基础上颇多发挥。

正是在统治者的重视下，在中医理论及道家等养生学说的指导下，元代涌现出了一批食疗养生学家及其著作，标志着元代在食疗养生学方面所取得的成就。如蒙古族食疗与养生学家忽思慧编纂的中国饮食学史上第一部食疗养生著作《饮膳正要》，元政府主持编纂的《居家必用事类全集》，贾铭的《饮食须知》，倪云林的《云林堂饮食制度集》，长春真人邱处机关于养生的论著，李道纯关于气功养生的专著《中和集》，李鹏飞的《三元延寿参赞书》，萧廷芝的《金丹大成集》等。另外，一些医学名家如朱震亨、李杲、危亦林、滑寿等人的著作里，谈饮食养生的内容亦随处可见。

元代由于国家空前大一统，各民族经济文化交流空前活跃，所以，其食疗学与养生学具有自己鲜明的时代民族特色。如涌现出了少数民族食疗营养学家，其著作中有不少论述少数民族的食疗与养生学知识，丰富了中华食疗养生学。

（一）蒙古族食疗营养学家忽思慧及其《饮膳正要》

忽思慧，又名和斯辉，元代著名的蒙古族食疗营养学家。他在仁宗延祐年间曾任宫廷饮膳御医，他利用这有利条件“将累朝亲侍进用奇珍异馔、汤膏煎造，及诸家本草、名医方术，并日所必用谷肉果菜，取

忽思慧

忽思慧在元宫廷任饮膳太医，负责宫廷中的饮膳调配工作，专门从事饮食营养卫生的研究，是当时有名的营养学家。其编撰的《饮膳正要》一书，是我国古代第一部也是世界上最早的饮食卫生营养专著，是很有价值的科学著作。

其性味补益者，集成一书，名曰《饮膳正要》”（忽思慧《饮膳正要》序）。

《饮膳正要》成书于文宗天历三年（1330），全书共三卷。它共辑录了314种饮食品种，并详细介绍了其制作过程、烹调技艺、避忌适宜，及其医疗作用。每卷内又有大量插图，图文并茂，内容丰富。其第一卷包括三皇圣纪、养生避忌、妊娠食忌、乳母食忌、饮酒避忌、聚珍异馔等六部分。“养生避忌”主要论述人们要善于保养，食不过度，动不太劳，才能健康长寿。“妊娠食忌”与“乳母食忌”两部分主要谈妇女在妊娠与哺乳期间在饮食方面要有所避忌，才能保证母亲与婴儿的健康。“饮酒避忌”主要讲饮酒不能过量，否则对身体不利。“聚珍异馔”是第一卷的主要部分，讲述了94种对人体有好处的膳食的性质、做法。其中既有汉族传统食品，也有各兄弟民族的食物。如汉族常吃的“鲤鱼汤”“芙蓉鸡”“鱼脍”等。鲤鱼汤能“治黄疸、止渴、安胎”。其做法是取鲤鱼去鳞，剖内脏，加芫荽、葱、盐、酒等腌拌后下锅。更多的是蒙古等草原游牧民族食物，其中以羊肉或羊内脏做原料的就占75种。如“柳蒸羊”“颇必儿汤”，以羊肉羊骨做原料，可“主男女虚劳，寒中羸瘦，阴气不足，利血脉，益经气”。还有今新疆地区的“畏兀儿茶饭”，已失传的西夏民族的“河西米汤粥”“河西肺”。河西米汤粥对人体有“补中益气”的作用，以羊肉、河西米为原料，河西肺以羊肺、韭面、酥油、胡椒等为原料。另还介绍了“秃秃麻失”，俗称手撇面，是当时一种很流行的食品，能“补中益气”。

第二卷包括诸般汤煎、诸水、神仙服食、食疗诸病等四部分。其中“诸般汤煎”主要论述了56种汤茶之类饮料。这些膳食菜汤都是具有各种滋补作用的补养汤。如“人参汤”，可“顺气、开胸膈、止渴生津”，其原料是“新罗参、橘皮、紫苏叶、砂糖”，其做法是“用水二斗，熬至一斗，去滓澄清”。任意饮用。另还有不少浆、膏、丸、煎和饼等饮食，亦可滋补身体，有的原料还包括麝香、檀香等贵重药材。特别是其中还介绍了典型的北方少数民族饮料。如马思哥油：“取净牛奶子，不用手用阿赤（系打油木器）打取浮凝者，为马思哥油，今亦云白酥油。”酥油：“牛乳中取浮凝，熬而为酥。”这与今天蒙藏等民族的黄油、酥油是一样的。“诸水”部分主要介绍了“玉泉水、井华水、邹店水”等。“神仙服食”部分，主要介绍天门冬、茯苓、枸杞、生栗子、胡麻、菖蒲、莲子等对人体的滋补作用。特别是其中提到，用诸药相配成一种药枕有医疗保健作用，可说是我国医疗史上最早介绍药枕的范例。“食疗诸病”部分，介绍了61种食物的医疗保健作用，并且明确谈到，五谷杂粮、各种肉类，只要搭配得当，完全可以起到医疗保健作用，说明元代我国食疗学确实已发展到一定程度。如其中羊肉羹，可“治肾虚衰弱，腰脚无力”，用羊

檀香

檀香属檀香科常绿乔木，原产印度、澳大利亚和非洲，我国台湾、广东也有引种栽培。檀香还有养神、养生的功效。

藏族酥油

酥油有助于滋润肠胃，含多种维生素，营养价值颇高。在食品结构较简单的藏区，能补充人体多方面的需要。

天门冬

天门冬为多年生攀缘植物，多生于山野林缘阴湿地、丘陵地灌木丛或山坡草丛中。其块根是常用的中药，有滋阴润燥、清火止咳的效果。

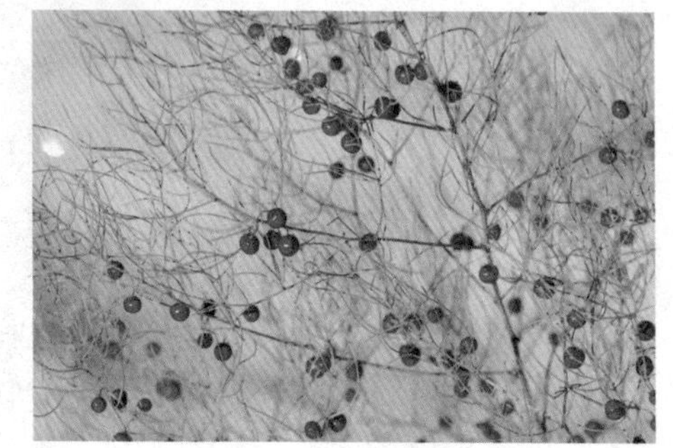

茯苓

茯苓常常寄生在松树根上，味甘、淡，性平，可治水肿尿少、心神不安、惊悸失眠等症。

枸杞

枸杞是茄科枸杞属植物，人们日常食用和药用的枸杞子多为枸杞的果实，宁夏枸杞是唯一载入《2010 年版中国药典》的品种。

肉、萝卜、苹果、陈皮、良姜、胡椒、葱白为原料，水熬成汁，入盐酱熬汤，下面馍饮子，作羹食之。将汤澄清，作粥食之，亦可。

第三卷共分七部分。第一部分“米谷品”，介绍了米、面、豆、麻等23种食品的性质、味道及医疗保健作用。特别是其中介绍各种酒类，如“阿剌吉酒”，阿剌吉阿拉伯语意为“出汗”，此酒用蒸馏法制成，类似汗珠。我国古代用酒曲制酒，游牧民族则用马奶发酵酿酒，用蒸馏法所制酒即今天的白干酒则从阿拉伯传入，对我国制酒业产生了巨大的影响。第二部分“兽品”，讲了31种家畜野兽肉食。其中最多的是羊肉，言“羊肉，味甘，大热无毒，主暖中头风、大风汗出、虚劳寒冷、补中益气。羊头，凉，治骨蒸脑热，头眩瘦病。羊心，主治忧恚膈气。羊肝，性冷，治肝气虚热，目赤暗。羊血，主治女人中风、血虚、产后出血晕闷欲绝者，生饮一升。羊五脏，补人五脏。羊肾，补肾虚，益精髓。羊骨，热，治虚劳，寒中羸瘦。羊髓，味甘温，主治男女伤风，阴气不足，利血脉，益经气。羊脑，不可多食。羊酪，治消渴，补虚乏”。这可以说是在我国营养学史上，对羊的各部位食疗价值介绍得最详细的史籍。第三部分“禽部”，介绍了17种家禽、野禽肉的味道、性质及对人体的滋补治疗作用。其中尤以对鸡介绍最细。第四部分“鱼品”，介绍了22种鱼、虾、蟹等食品。如说蟹肉，主治胸中邪热结痛，通胃气，调经脉。蛤蜊，味甘，大寒无毒，润五脏，止渴平胃，解酒毒。第五部分“果品”，介绍了39种水果食品，分别罗列论述了其药用价值。如梨子，味甘，寒，无毒，主治咳嗽，利小便。第六部分“菜品”，讲了46种蔬菜的性质及对人体的作用。第七部分“料物性味”，介绍了28种佐料的性质、保健功能等。

《饮膳正要》作为我国第一部食疗营养学著作，以其丰富的内容和详细的论述，在我国食疗养生学史上具有突出贡献。首先，它继承了我国食、养、医结合的优良传统。它对每一种食品的叙述都涉及养生和医疗两方面的效果和作用，其所载食品基本上都是保健食品，且均详述其制作方法和烹调细则。这些饮食既是佳肴美味，又是强壮体质、延年益寿、预防和治疗疾病的良药。

其次，该书在论述饮食营养的同时，还有不少篇幅谈论人体健康的诸多方面。如序中说："保养之法莫若守中，守中则无过与不及之病。调顺四时，节慎饮食，起居不妄，使以五味调和五脏，五脏和平，则气血资荣，精神健爽，心志安定，诸邪都不能入，寒暑不能袭，人乃怡安。"强调既要饮食适度，时间相宜，新鲜勿陈，又要精神愉快，心志安定，才能诸邪不侵，调和守中。注重精神愉快对人体健康的重要作用。另外，还指出了预防疾病的重要性，"防病胜于治病"。这些都从综合角度论述了人体保健的重要性。

再次，本书可补本草之不足。忽思慧在序中曾说："本草有未收者，今即采摭附写。"如卷一所载炒狼汤条："古本草不载狼肉，今云性热治虚弱，然食之未闻有毒。"卷三更详细载狼肉、狼喉嗉皮、狼皮、狼尾、狼牙的功用、主治。卷二对某些药物的功用作了补充，如"治小便不通，鸡子黄一枚生用"，亦为以前本草所不载，颇有参考价值。明代李时珍编《本草纲目》时，引用不少此书内容。如书中"羊"条下所引《饮膳正要》食疗方就有治骨蒸久冷方、治腰痛脚气方等五则。

另外，《饮膳正要》很重要的一个贡献是反映了当时国内各少数民族及中外人民的饮食文化交流的史实。作者作为蒙古族，除大量反映本民族食品外，还介绍了维吾尔祖先的"畏兀儿茶饭"；古西夏国的"河西米汤粥""河西肺"；古天竺国（印度）的"八儿不汤"等。这些宝贵资料不仅为研究我国饮食文化史提供了佐证，而且对研究当时社会现实及中外交流亦可作参考。

《饮膳正要》现有明经厂刊大字本（残存卷二）、涵芬楼影印明景泰间刊本、1934年商务印书馆铅印国学基本丛书、1986年人民卫生出版社本等。

（二）《居家必用事类全集》与饮食交流

《居家必用事类全集》是我国古代一部著名的日用百科全书，它成书于元代，文字通俗，内容丰富，对诸如家法家礼、择居出行、种植牧养、饮食卫生、修身养性等关乎百姓日常生活的诸多方面靡不记载，所以在民间流传很广。特别是在饮食方面，它基于元代交流空前活跃，所以对国内各少数民族及国外民族的食物亦多记载，对了解其饮食文化交流历史有很高参考价值。

《居家必用事类全集》共10集，每集以天干划分，其中：甲集为“为学”与“家书通式”等；乙集为“家法”与“家礼”等；丙集为“仕宦”与“周公出行吉日”等；丁集为“宅舍”与“牧养良法”等；戊集为“农桑类”与“宝货辨疑”等；己集为“诸品茶”与酒曲类等；庚集为“饮食类”与“染作类”等；辛集为“史学指南”等；壬集为“卫生”与“治诸病经验方”等；癸集为“谨身”与“修养秘论”等。

该书在庚集“饮食类”里，详细介绍了面酱和生黄酱的制作方法，其原理今天不仅仍广为农村手工操作所沿用，而且工业生产也习用此法。在有文字记载的典籍里，此书可为最早最详细的介绍，说明我国最迟在元代已掌握了把面团蒸熟经霉化和发酵制甜面酱，把黄豆煮熟拌面粉发霉发酵制豆酱的技术。

元代民族交流融合的加强，使我国人民的食谱也愈丰富多彩，不仅有大量的汉族传统食物，而且还有不少“蒙古饮食”“女真食馔”“畏吾儿茶饭”和“高丽糕点”等美味佳肴。这些在《居家必用事类全集》里均有详细介绍。

如“蒙古饮食”类有：暗木宿（蒙古饭）、不杂（蒙古粥）、兀都麻（蒙古烧饼）、罗撒（蒙古汤面）、口涅（蒙古馒头）、马思哥油（酥油）、舍儿别（果子露）和阿剌吉酒（蒸馏酒）等。

“女真食品”类有：厮利菜冷羹葵（用葵菜嫩心、鸡羊肺丝加五味作），塔不剌（用葱椒油酱熬开后，下鸭或鸡鹅，慢火煮熟），撒孙（熟煮野鸭或鹌鹑，酱芥盐拌），柿糕（黏米与柿同捣，粉蒸熟，入果仁作饼），栗糕（栗为粉，少加粘米粉，蜜水蒸熟）。

在元代，不仅国内各民族饮食相互交流，而且国际饮食交流也相当普遍。如用蒸馏法制作烧酒就是元代时从阿拉伯传入的。元画家朱德润在《阿剌吉酒赋》中说，烧酒原名阿剌吉，元时西征欧洲，归途经阿拉伯，将酒法传入中国。明代李时珍在《本草纲目》中也说：“烧酒非古法也，自元始得其法。”还有营养丰富的胡萝卜也是在元代传入我国的。《本草纲目》中说，胡萝卜“元时始自胡地来，气味微似萝卜，故名”。《蔬菜小品》与《辞源》等书也都有关于胡萝卜原产欧洲，元时由西域传入我国的记载。同时，我国特产茶叶也是元代由意大利旅行家马可·波罗第一次带到欧洲。这些内容在《居家必用事类全集》里亦有记载，由此可见此书在中外饮食文化交流史上所占的重要地位。

（三）其他食疗营养学著作

1. 倪云林的《云林堂饮食制度集》

倪云林所编纂的《云林堂饮食制度集》，是元代一本食疗营养学专著。全书共载饮食品46种，其中有菜肴类31种、点心10种、饮料4种、调料1种。它详细记载了各种饮食的取料、加工和烹调制作法及营养价值，并附制香灰法和洗砚法。倪云林写作此书的目的，正如其后记中所说："饮食，人之大欲存焉，固日用之不可缺者，若何胹朵颐磓几，以刳脔取味，非所为训。东坡晚年戒杀，一茹蔬菜，亦非先王养老之意也。是编为云林堂饮食制度，烹饪和谙，既不失之惨毒，而蔬素尤良。百世之下，想见高风。使好事者，闻之斯敛衽矣。"即将饮食这人类生存之最基本事务的实践之道介绍给世人，使人们有所遵循，并希冀流传后世。

本书记载了酱油、点心、菜肴、饮料等的制作方法及营养价值。点心方面有：煮面、煮馄饨、黄雀馒头、冷淘面、糖馒头、手饼、蜜酿红丝粉、熟灌藕、白盐饼子、水饼等 10 种；菜肴方面有：蜜酿蝤蛑、煮蟹法、酒煮蟹法、新法蛤蜊、雪庵菜、煮麸干、蚶子、青虾卷、香螺、江鰩、螆鱼、田螺、熝肉羹、腰肚双胞鸡、醋笋法、烧萝卜法、糟姜、煮摩茹、煮鲤鱼、蟹鳖、煮猪头肉、川猪头、鲫鱼肚心羹、黄雀、烧猪脏或肚、烧鹅、江鱼、煮决明法等 31 种；饮料方面有：郑公酒、菊花茶、莲花茶及香橼煎 4 种。本书对这些食品的取料、烹调、烧煮、制作、酿造等方面都作了详细而具体的介绍，所选食品都比较精美且富有营养价值，经过加工后都是色香味俱佳的美味佳肴。

2. 贾铭的《饮食须知》

贾铭（1269—1374），字文鼎，号华山老人。元明间浙江海宁人。资雄海上，好宾客，能赈人之急。入明，他已百岁，明太祖朱元璋召见并问他颐养之法，他对曰："要在饮食"。寿至 106 岁而终。他所著的《饮食须知》成书于元顺帝至正二十七年（1367），全书共 8 卷，记载食物 325 种。其中卷一为水火，专论各种水及燃料不同的煮食用火；卷二为谷类，共 33 种；卷三为菜类，共 74 种；卷四为果类，共 51 种；卷五为味类，共 32 种；卷六为鱼类，其中包括爬虫类，共 64 种；卷七为禽类，共 32 种；卷八为兽类，共 39 种。

《饮食须知》内容丰富，囊括了天上飞的、地上跑的、海里游的，以及各种植物果菜，其最显著的特色是论述了这些饮食的性能及适宜禁忌。如本书序中说：“饮食藉以养生，而不知物性有相宜相忌，丛然杂进，轻则五内不和，重则立兴祸患。是以养生者亦未尝不害生也。历观诸家本草疏注，各物皆损益半，令人莫可适从。兹专选其反忌，汇成一编，俾尊生者，日用饮食中便于检查耳。”由此可知，贾铭对食物的相宜相忌有一明确认识，他知道如果诸物杂进，不讲科学，就会不利于养生，重者会立致病患。他鉴于诸家本草注疏对此不够重视，因而重点选择食品的反忌给予论述，编纂成此书，以利于食者检索。从而亦可看出，此书确为颇具特点的食疗学著作。

《饮食须知》有民国年间商务印书馆丛书集成本，较易得。

另外，金元四大家中的李杲有《食物本草》，朱震亨有《格致余论》，其中也有不少食疗方面的内容。

（四）邱处机及其养生理论

邱处机是位得道高人（其生平经历详见本分卷“地理学”部分），他在养生学方面修养颇深，元太祖成吉思汗曾慕其名于 1219 年召他到西域雪山，请教长生不老之法。他的养生理论主要见于他的弟子李志常根据他赴西域雪山拜见成吉思汗经历而写成的《长春真人西游记》，耶律楚材根据他在西域雪山与成吉思汗论道内容而整理成的《玄风庆会录》，以及他所著的《摄生消息论》《大丹直指》等书中。

邱处机养生理论的中心思想就是要求去声色、屏滋味、保中和、养气血。如他在西域雪山对成吉思汗说：“夫道生天育地，日月星辰，鬼神人物，皆从道生。人止知天大，不知道之大也。余生平弃亲出家，唯学此耳。……学道之人，以此之故，世人爱处不爱，世人住处不住。

去声色，以清静为娱。屏滋味，以恬淡为美。但有执著，不明道德也。眼见乎色，耳听乎声，口嗜乎味，性逐乎情，则散乎气。譬如气鞠，气实则健，气散则否。人以气为主，逐物动念则元气散，若气鞠之气散耳。”[①] 道是道家哲学思想的一个中心观念，也是道教徒的基本信仰和根本教义，邱处机引用此来说明世界万物均由道而生，人当然也不例外。人由道而生后，就“以气力主”，如逐物动念，追求声色犬马就会使此元气散，人当然也就谈不上健康，甚至也就不存在了。

这气又是何物呢？邱处机说：“夫神为子，气为母。气经目为泪，经鼻为脓，经舌为津，经外为汗，经内为血，经骨为髓，经肾为精。气全则生，气亡则死；气盛则壮，气衰则老。常使气不散，则如子之有母；气散，则如子之丧父母，何恃何怙！”[②] 即邱处机认为气与神的关系犹如母子，母亲对人来说当然是绝不可缺少的。具体诠释“神”与“气”二者的意义与关系，显然此处的“神”是指中医理论中常说的“神”，即人体生命活动的总称，包括生理性或病理性外露的征象，“气”是指人体内流动着的富有营养的精微的物质，同时也泛指脏器组织的机能。所以，邱处机所言的犹如母子关系的神与气，气是神的物质基础。气供给人体各部位营养，没气人就没有了依靠，当然也就活不成了。可见，邱处机把保气放在人体养生中的极重要的地位。

那么如何才能够保气呢？这就进一步涉及了邱处机养生理论中看得见、摸得着的东西了。即要去声色、屏滋味、保中和。由于邱处机为出家人，对去声色更为重视。他说：“夫男阳也，属火；女阴也，属水。唯阴能消阳，水能克火。故学道之人首戒乎色。夫经营衣食则劳乎思虑，虽散其气，而散少；贪婪色欲则耗乎精神，亦散其气，而散之多。”

---

① 丘处机 . 丘处机集［M］，齐鲁书社，2005：136—137 页 .

② 丘处机 . 丘处机集［M］，齐鲁书社，2005：139 页 .

邱处机从道家观念出发，将男女比作水火不相容，指出男女色欲比经营衣食更伤精神。并愤而指责："其愚迷之徒，以酒为浆，以妄为常，恣其情，逐其欲，耗其精，损其神，是致阳衰而阴盛，则沉于地为鬼，如水之流下也。"[①] 虽言之过于激切，但从养生学角度来看，节欲对人体保健确有好处。他后来对这种观点也有修正，如他说："(色欲)虽不能全戒，但能节欲则几于道矣！"这就更富科学性了。

其次，邱处机对节制物质享受、保持精神愉快方面，也发表了不少有益的见解。如他说："出家学道之人恶衣恶食，不积财，恐害身损福故也。在家修道之人，饮食居处珍玩货材亦当依分，不宜过差也。"即一般人也不应过分贪求物质享受，应有所节制。他还说："修身之道，贵乎中和，太怒则伤乎身，太喜则伤乎神，太思虑则伤乎气。此三者于道甚损，宜戒之也。"即太怒、太喜、太思虑忧愁对健康都是不利的，要保持身体中气的中和。

邱处机上述养生理论无疑是具有一定科学道理的，符合我国中医关于养生的论说，直到今天仍有积极意义。

另外，邱处机的《摄生消息论》是一本专门论述养生的著作。此书分四季阐述，每季之前以该季摄生消息为题，开始数句摘录《内经》《素问》《四气调神大论》文，然后随文释义，附以摄养注意事项；次则介绍该季所应之脏腑，最后论述该脏相病法。如"春季摄生消息"，先摘录《内经》文，次述"肝脏春旺"，最后介绍"肝脏相病法"。其他亦依此法。此书所谈养生法，亦与他前述养生法一脉相承，主要阐述要节欲保身、无为清静思想。

《大丹直指》二卷，是邱处机关于道教内丹方面的著作。该书以天

① 丘处机.丘处机集[M]，齐鲁书社，2005：137页.

地生成、人体禀生过程阐明内丹的基本原理和行功方法，认为人与天地禀受相同，出生之前，在胎中混混沌沌，为先天之气，出生以后，脐内所藏元阳真气逐时耗散，以至病夭。并指出，人须“先使水（肾气）火（心气）二气上下相交，升降相接，用意勾引，脱出真精真气，混合于中宫，用神火烹炼，使气周流一身”，方能“气满神壮，结成大丹”。全书用图、诀、诀义等详述九种炼丹的方法，即：“五行颠倒，龙虎交媾”“五行颠倒，周天火候”“三田返复，肘后飞金精”等为小成之法，能补虚益气，返老还童；“三田返复，金液还丹”“五气朝元，太阳炼形”“神水交合，三田即济”为中成之法，谓可长生不老；“五气朝元，炼神入顶”“内观起火，炼神合道”“充壳升仙，超凡入圣”为大成之法，谓可成仙。

（五）其他气功养生学著作

气功养生是我国一种独具特色的养生方法，它丰富了中国的医学理论，为人们的医疗、保健事业做出了积极的贡献。它历史悠久，历经数千年发展，在医学、养生学、人体科学和其他科研领域被日渐广泛应用，引起国内外各界人士的关注。这其中元代也做出了自己的贡献，涌现出了一批气功养生学家及其著作。除上面提到的邱处机及其著作外，还有李鹏飞的《三元延寿参赞书》、李道纯的《中和集》、萧廷芝的《金丹大成集》、陈致虚的《金丹大要》、王珪的《泰定养生主论》等。

1. 李鹏飞的《三元延寿参赞书》

李鹏飞，字澄心，元代池州（安徽贵池）人。少聪慧，通儒学，后转学医，人称儒医。后在淮遇一宫道人，年九十而鹤发童颜，问其长寿诀窍，答曰此本正常，人本来应有天、地、人三元180岁，由于不戒慎、禁忌、保养，才致寿短。李鹏飞有感于此，编著了《三元延寿参赞书》，其目的也是使人们节欲、慎食、保健康。

《三元延寿参赞书》五卷，成书于世祖至元二十八年（1291）。全书以天、地、人三元立论，以精气不耗、起居有常、饮食有度为养生原则，从理论到具体摄生之道对人的养生作了论述。其中卷一为“人说”和“天元之寿精气不耗者得之”章，主要论述了要节欲。强调要“欲不可绝”“欲不可早”“欲不可纵”“欲不可强”“欲有所忌”，具体指出男女之欲要有节制，少男少女不宜早婚，男子酒后或妇女身体不好不宜行房事，以及孕妇和婴儿的诸多禁忌等。卷二为“地元之寿起居有常者得之”章，主要阐述勿喜怒不节、悲思太甚等精神调养内容，并介绍起居有常、四时调摄、天时避忌、爱惜津唾、栉浴洗面、栉发、衣着、行立坐卧以及大小便等日常生活各方面的养生之道。卷三为“人元之寿饮食有度者得之”章，主要论述要饮食有度、谨和五味才可健康长寿。其中又分“五味”“饮食”“食物”“果实”“米谷”“菜蔬”“飞禽”“走兽”“鱼类”“虫类”等部分，介绍了150余种食物的宜忌。卷四为“神仙救世却老还童真诀”章，主要介绍延年益寿秘诀，包括服食补药、导引法及还元图等内容。其中所谓秘诀，就是要保养元气，不受欲念、饮食不当及喜怒哀乐等侵蚀。卷五主要为论理，包括“神仙警世”“阴德延寿论”“亟三为一图歌”等。

《三元延寿参赞书》所载养生之道，颇为系统，蔚为大观，正如作者在自序中言：“仆此书不过顺乎人之天，皆日用而不可缺者，故他书可有也，可无也，此书则可有也，必不可无也。”此书今有明万历三十一癸卯（1603）虎林胡氏文会堂校刻《格致丛书》本及多种抄本，上海古籍出版社1990年影印本较易得。

2. 李道纯的《中和集》

李道纯，字元素，号清庵，别号莹蟾子，元代仪征人，出于白玉蟾门人王金蟾门下。自称其宗曰“全真”，证明他合流于全真道北宗，为江南最早的全真道士。他著述颇多，除《中和集》外，尚有《道德经注》等。《中和集》书名取自他的匾额名。

李道纯

李道纯博学多才，他的内丹理论兼容并包，系统非常完整。

《中和集》，六卷，元初传统气功内丹术的主要著作。全书以守中为要诀，说：“所谓中者，非中外之中，亦非四维上下之中，不是在中之中。”并以儒、佛、道之说来解释其“中”的含意。儒家说“喜怒哀乐未发谓之中”，此儒家之中也；佛家说“不思善，不思恶，正恁么时，那个是明上座本来面目”，此佛家之中也；道家说“念头不起处谓之中”，此道家之中也。可见李道纯说的所谓“中”，即指排除喜怒哀乐情绪，使人体处于中和静定状态。具体修炼法，李道纯主张“先持戒、定、慧而虚其心，后炼精、气、神而保其身”，并“以太虚为鼎，太极为炉；清静为丹基，无为为丹母；性命为铅汞；定慧为水火；窒欲惩忿为水火交；性情合一为金木并……”并主张性命兼修，先性后命，还提出修炼法方面分顿法与渐法两类。

《中和集》卷一主要论述太极与道；卷二有《金丹妙诀》《三五指南图局说》《试金石》等阐述内丹，并有关于金丹、火候等的图；卷三包括《问答语录》《全真活法》；卷四包括《性命论》《卦象论》《死生论》《动静说》《原道歌》《炼虚歌》《破惑歌》《玄理歌》《性理歌》《龙虎歌》《无一歌》《抱一歌》《挽邪归正歌》；卷五、卷六为诗词集，以诗词解说气功内丹术颇为别致。其中除理论阐述演义外，解释抽添、烹炼、九还、七返、三关、三宫、玄牝、鼎炉、黄婆、金公、水火、金木、沐浴、养生等气功法及术语，甚为明白清晰，具有很高的价值。

3. 萧廷芝的《金丹大成集》

萧廷芝，字元瑞，号紫虚，又号了真。他出于白玉蟾门人彭耜门下，著有《金丹大成集》。

《金丹大成集》亦是元初重要的传统气功内丹术著作。全书不分卷，包括《无极图说》《金液还丹赋》《金液还丹论》和《金丹问答》93则，《橐龠歌》《乐道歌》《茅庐得意歌》《剑歌》《赠谌高士辞往武夷歌》《赠邹峰山歌·为剔奴剑图书》《金液大还丹诗》，《七言绝句》81首、《西江月》12首、《南乡子》12首，《读参同契作》《解注崔公入药镜》《解注吕公沁园春》等部分。此书以说、论、歌、赋、诗、词等体裁论述内丹术，剖析详尽，内容丰富。其中金丹问答93则，将象喻意言、幽隐难晓之词一一指明，可使后人正确理解丹经中的各类譬说。如“问曰：何谓药物？答曰：即此药物，顺则成人，逆则成丹，五行颠倒，大地七宝，五行顺利，法界火坑，百姓日用而不知也。”又如“问曰：呼吸何如？答曰：呼出心与肺，吸入肾与肝，呼则接天根，吸则接地根，呼则龙吟云起，吸则虎啸风生，呼吸风云，凝成金液。”以通俗易懂的语言解释气功术语隐语，探微索隐，深入浅出，为后世习练道家内丹术功法提供了很大便利。

4. 陈致虚的《金丹大要》

陈致虚，字观吾，号上阳子，江右庐陵（今江西吉安县）人。年四十始从北宗赵友钦学道，讲神仙炼养之术。后遇青城老师授以南宗阴阳双修丹法，遂精通二宗之奥秘，倡导性命双修的内炼之道，成为融合南北二宗为一体的重要人物。他有不少弟子，著名的有初阳子王冰田、一阳子潘太初、碧阳子车兰谷、南阳子邓养浩等多人。他著述颇丰，除《金丹大要》外，尚有《周易参同契分章注》《金丹大要图》《金丹大要仙派》《夜人经注》《悟真篇注》等。这些书均收入《道藏》。《金丹大要》还被上海古籍出版社于1990年影印出版。

《金丹大要》全称《上阳子金丹大要》，共16卷，气功养生学名著。成书于元代。全书综合全真道北派列祖的心法，论述金丹大还最上乘之道，认为金丹由神与气、精，调和而成，迎送动止皆主于意，所以“求丹取铅以意迎之，收火入鼎以意送之，烹炼沐浴以意守之，温养脱化以意成之”（《总旨》）；要能息意静念，见性明心，穷理尽性，则丹成道就。书中在养生学方面强调人皆秉受先天真阳之气而生，年至十六，则阳气充盈，后因酒色贪欲、邪气百病，使人精损神劳，真阳之气日趋衰竭，以致死亡。所以修道者必须逆转此趋势，禁欲去色，采先天之真气，以补人身日益亏损之阳气，使之复为纯阳。并认为儒、佛、道三教之道唯一心而已，皆当明性与命，金丹之道即性命之道，故必须性命双修。最后两卷为同门人论玄释见性之语。

另外，王珪所著的《泰定养生主论》16卷，亦是元代重要的养生学著作。此书以道家虚无养生的观点，阐述人生自幼及壮到老各个阶段的生理调摄，认为才不逮而强思，力不胜而强举，深忧重恚，悲哀憔悴，喜乐过度，汲汲所欲，戚戚所患，谈笑不节，共寝失时，挽弓引弩，沉醉呕吐，饱食即卧，跳走喘乏，欢呼哭泣，皆为过伤。强调“以不流于物故谓之摄，以安其分故谓之美。”另外，书中还谈到五运六气、病因、诊断和治疗等内容，并附载一些验方。

（六）蒙古八珍等营养食品

蒙古八珍是元朝宫廷御膳的佳品，它不仅味道鲜美，而且具有很高的食疗与营养价值，是有元一代食疗养生学在皇家饮食中的具体体现，且极富民族特色。元代诗人白珽曾品尝过蒙古八珍，并写诗赞美道：“八珍肴龙凤，此出龙凤外。荔枝配江鳐（海蚌），徒夸有风味。”蒙古八珍包括野驼蹄、鹿唇、驼乳、醍醐、元玉浆、麆沆、天鹅炙、麋等。

野驼蹄：即蒙古骆驼蹄、驼掌。它肥大厚实，抗寒耐热，含有丰富的蛋白质，肉细嫩而有弹性。一般食用的是骆驼的掌心，骆驼四蹄虽大，掌心却没有多少，所以显得格外名贵。早在汉代时，驼掌就被列入“迤北八珍”进贡皇帝，元朝时更是宫廷及蒙古王公贵族酒席上不可少的佳品。它有很高的营养价值，并具有特殊的滋补作用，可补中益气。

鹿唇：即犴唇，今言犴鼻。犴主要分布在内蒙古大兴安岭北部的混交林或针叶林内，它的嗅觉极为灵敏，其鼻构造也很特殊，软骨膜连着一层层薄薄的肌肉，含有丰富的骨酸和蛋白质，烹后具有一种特殊的清香味。犴鼻营养价值极高，同熊掌、鹿尾并为大兴安岭的三大珍品。

驼乳：即骆驼奶，是一种营养补品和治疗痞病的良药。尤以白骆驼奶更为珍贵。在元代文献中有不少用驼乳治病的记载，明代达延汗患痞病，据说也是用驼乳治好的。

醍醐：从牛奶中提炼出来的精华。炼乳酪时，上层凝结为酥，酥上如油的为醍醐，味极甘美，有顺气暖肚作用。后世成为蒙古族人供佛的佳品。

元玉浆：马奶酒的雅称。蒙古族酿制饮用马奶酒的历史很悠久。《马可·波罗游记》记述，世祖忽必烈在皇宫宴会上，就是用马奶酒和驼乳作为饮料的。忽思慧的《饮膳正要》里也介绍了马奶酒的制作与药用价值。元代不少文人墨客更是写了大量诗文赞美马奶酒。如诗人许有壬的《马酒》：“味似融甘露，香疑酿醴泉。新醅撞重白，绝品挹清玄。骥子饥无乳，将军醉卧毡。”员炎的《马酮》在赞美了马奶酒的香美后，说："座中一混华夷俗，或有豪吞似伯伦。"指出中原汉族人民亦喜马奶酒，马奶酒对民族间交流亦起了积极作用。

马奶酒醇香而微酸，乙醇含量很少，不但清凉解暑，富于营养，而且具有很高的滋补药用价值。它有滋脾养胃、除湿、消痞积、利便、消肿的作用，特别是对肺病有特殊疗效，对冠心病、高血压、高血脂、肠胃疾病均有一定的治疗效果。直到今天，内蒙古的蒙汉族人民仍把它作为一种食疗饮料，每逢八月马奶酒生产的高峰期，便有不少人到锡林郭勒盟饮马奶酒治病。

麠沆：即麖的幼羔。麖是獐的别称，獐肉在蒙古族食谱中被列为高级食品，其幼羔肉尤为鲜美。

天鹅炙，即烤天鹅，类似今天北京烤鸭。

麋：指麋鹿，俗称四不像。其肉香美，曾为蒙古汗赐给臣下的赏品。

据史书载，蒙古八珍由专任"亲烹饪奉上饮食"的"博尔赤"（蒙语中对厨师的尊称）做的，多在元帝每年六月三日举办的诈马宴和八月举办的马奶宴上御用，同时又是一种赐左右大臣的荣典。后逐渐流入民间，到今天更成为内蒙古的名菜，丰富了我国的饮食文化。

另外，元宫廷以至民间食用的名菜还有鹿尾、鹿膝、鹿筋、熊掌、驼峰等。

鹿尾、鹿膝、鹿筋均为高级食疗营养品。其食用早在先秦文献中就有记载，唐代以后特别是元代，被列为贡品，大量传入内地，成为中国名菜。这几种菜均具有很好的滋补功效，可补肾气，治腰膝疼痛、虚劳损伤、风湿性关节炎、手足无力、抽筋等症，又是高级宴席上的珍馔。

熊掌具有很高营养价值。据现代科学分析测定，其干品含蛋白质

50% 以上，含不饱和脂肪酸类 40%，还含有少量无机盐和碘胶，是一般动物食品难以相比的。它的中药特性为性平味甘，可入脾胃二经。干品浸泡后煮食，有滋补气血、祛风健脾胃的功效。可治脾胃虚弱、风寒湿脾及各类虚损症。

驼峰，即骆驼背上那两个高耸的“肉鞍子”。它是骆驼营养贮存库，与背肌相连，由营养丰富的胶质脂肪组成。每个骆驼峰可达 40 公斤。它在元代即为名菜，今天也是难得的珍肴，可与熊掌齐名。适宜炒、炸、扒，不宜炖、蒸或汤用。它味甘，性温，有润燥、祛风、活血、消肿的功效。可治风疾、麻痹、筋肉挛紧、疮疡、毒肿、折伤等疾病。

九 / 建筑学

元朝幅员辽阔，民族交往活跃，城市经济繁荣，表现在建筑学方面，上承宋、辽、金，下启明、清，独具特色，在中国建筑史上占有重要地位。

首先在城市建筑方面，元首都“大都”（今北京）是自唐长安以来的又一个规模巨大而规划完整的都城，并为明清继承下来。元上都不仅规模较恢宏，而且富有民族特色。此外，元朝又在长城以北的广大地区内建筑了许多军事或兼有某些生产性质的城堡，如居庸关云台、集宁路城、应昌路城等。元朝中叶以后，由于手工业和商业的恢复与发展，中原和江南及沿海的若干城市逐步繁荣起来，如中定（今济南）、京兆（今西安）、太原、涿州、扬州、镇江、苏州、泉州、广州、杭州等城市。为了沟通南自长江，北达沽口（今天津）的水运，元朝改建了

居庸关云台

居庸关云台，又称“云台石阁”。是一座过街塔的塔基遗址，为研究民族关系史、佛教史、建筑史、艺术史等提供了第一手材料。

山东境内的运河，促进了沿河各地的繁荣，又促使了一些新城镇的形成。这些城镇的产生是手工业与商业繁荣的结果，从而又促进了宋以来临街设店、按行成街的布局，出现了各行各业的作坊、店铺，以及戏台、酒楼等娱乐性建筑。

其次，由于元代民族众多，信仰多种宗教，所以宗教的交流与融合给传统建筑的技术与艺术增加了若干新的因素，出现了大批宗教建筑。元代宗教建筑风格多样，相当发达。这是元代建筑的一大特点。其中佛教中的喇嘛教寺庙最盛。元世祖忽必烈在大都建万安寺，其中主要建筑是尼泊尔名匠阿尼哥设计的大圣寿万安寺塔（明代称妙应寺白塔）以及护国寺、东岳庙。江南佛寺有上海真如寺、浙江金华天宁寺、武义延福寺等。道教在元代也受到推崇，其建筑也不少。如为元朝皇帝祈福而建的永乐宫，有少府官匠参加建设，基本反映了金元之际官式建筑的特点。元

护国寺

护国寺是北京八大寺庙之一。

东岳庙

东岳庙即岱庙，位于山东省泰安市泰山南麓，是历代帝王举行封禅大典和祭祀泰山神的地方。

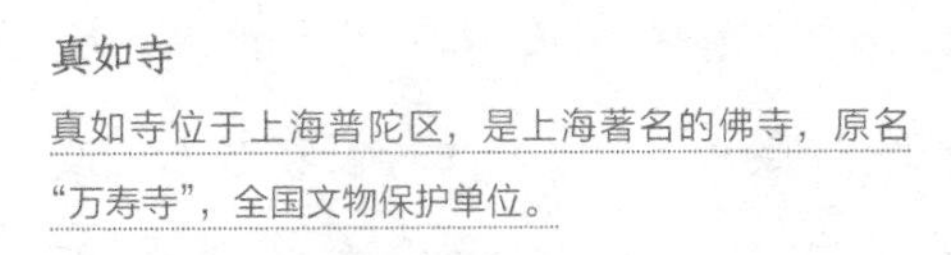

真如寺

真如寺位于上海普陀区，是上海著名的佛寺，原名“万寿寺”，全国文物保护单位。

延福寺

延福寺位于浙江省武义县桃溪镇，是江南著名的元代木构建筑。

代伊斯兰教建筑随着色目人移民入我国而遍布全国各地，重要遗存有新疆吐虎鲁克玛扎、泉州清净寺、杭州真教寺等。吐虎鲁克玛扎、泉州清净寺尚属中亚样式，而杭州真教寺已在窑殿上加汉式屋顶，呈现出与中国传统建筑结合的趋势。

再次，元代为了配合天文学的发展，还修建了几处天文台，蒙古民族独特的建筑居室“蒙古包”也传入中原，受到各民族人民的喜爱。

正是在此基础上，元代出现了建筑学著作或有不少著作涉及建筑学的内容，从而又推动了建筑学的发展。如元代官方编纂的《经世大典》，其中工典分为22项，一半以上同建筑有关。薛景石著的《梓人遗志》是一部关于木工技艺与纺织技术的著作。可惜这两部书大部分内容已失传。《梓人遗志》今散见于《永乐大典》。其中有元中统四年段成己序说：“古攻木之工七：轮、舆、弓、庐、匠、车、梓，今合而二，而弓不与焉。”可知此书内容包括建筑中的大木作、小木作及其他木工技术。《永乐大典》卷3518—3519真门制两卷，前一卷中有格子门、板门两类制造法式，均收自《梓人遗志》。另元代尚有民间匠师用书《鲁班营造正式》，记录民间尤其是南方建筑形式和尺度。明代以此为底本改编成《鲁班经》，增加了大量家具、农具做法的资料。

（一）元大都城

大都是元朝的首都。它地处现北京小平原，三面有山环绕，东南一带在古代为大片沼泽地。西南角接近太行山，地势较高，是通向华北大平原的门户。东北及西北可通过南口与古北口峡谷，通往蒙古高原及松辽大平原。雄伟险要的地形使这里成为军事要地。春秋战国时，燕国的蓟城即建于此。从秦汉至隋唐，蓟城是汉族与少数民族的贸易中心，为北方一大都会，也是军事重镇。辽时在此建南京，金又扩建为中都。蒙

元大都城遗址模型

遗址位于今北京市市区。元大都城街道的布局，奠定了今日北京城市的基本格局。

古灭金，中都宫城建筑被烧毁。元世祖忽必烈即位后，自上都迁都于此，在金中都东北郊以琼华岛金大宁宫一带为中心建设一座新城，即大都城。

大都城由刘秉忠主持规划，先后参与规划与营建的还有阿拉伯人也黑迭儿等人。他们按古代汉族传统都城的布局进行设计，历时八年建成。以外城、皇城及宫城三套方城组成。

外城城垣南北约 7400 米，东西约 6635 米，接近方形。共有 11 个城门，北面两个，其余三面各三个门，门外设有瓮城。城四角建有巨大的角楼，城外还绕以又深又宽的护城河。城墙全部用夯土筑成，基部宽达 24 米。

皇城周长约 20 里，位于全城南部的中央地区。其中部为海子，即中海、南海与北海，东部为宫城。皇城东北部为御苑，西部有隆福寺及兴圣寺等。

宫城在皇城内偏东部，在整个大都城的中轴线上。皇城的南门（崇天门）约在今故宫太和殿，北门（后载门）在今景山少年宫前。东西两垣约在今故宫两垣的附近。宫城中为朝寝两大殿，呈工字形。

大都城西面平则门内建社稷坛，东面齐化门内建太庙，商业集市集中布置在城内北部鼓楼一带。这种“左祖右社、前朝后市”的布局，符合中国传统的都城规划模式。商业区除皇城以北的集市外，还有毗邻旧

城（金中都）的顺承门里和四门关厢一带，如：文明门外通惠河是漕船必经之地，车船辐辏；齐化门关厢，凡江南直沽海道经通州来大都的，多在此旅居；平则门外关厢，也聚居着西部来京的客商。另外，大都城内有不少宗教建筑，如大圣寿万安寺（今白塔寺）、护国寺、东岳庙等。建筑内墙壁上挂有毡毯和毛皮，画有喇嘛教题材的壁画及雕刻等，又反映出其民族特色。

大都城布局严谨，井然有序，有一条明显的中轴线。如其以宫城（大内）为中心，南起丽正门，穿过皇城灵星门，宫城的崇天门、后载门，经万宁桥（地安门桥）直达天寿万宁宫的中心阁。由此向北，轴线略为西移，通过鼓楼，直达钟楼。这条轴线为明清北京中轴线的基础。

大都城的街道很整齐，由通向各城门的街道组成城市干道。这干道南北向贯穿全城，东西向由于受皇城与海子阻隔，形成若干丁字街。在

北京鼓楼

北京鼓楼坐落在北京西城区地安门外大街北端，是元、明、清时都城的报时中心。

南北向主干道两侧，等距离地平列许多东西向胡同。中轴线上的大街宽达 28 米，其他干道宽 25 米，胡同之间相隔约 70 米，胡同宽 5—7 米。胡同内院落式住宅并联建造。这种东西向胡同的布局方式，符合北方住宅对日照、通风和交通的需要。今北京城许多街道胡同，仍可反映出元大都街道布局的痕迹。

大都城的给水、排水系统很宏大亦极具科学性。其给水系统主要从西北郊外导引了很多小流泉以解决城内用水问题。其中主要供水河道有两条：一条是由高粱河引水经海子、通惠河通往城东通州，使漕运可直达大都城内；一条是由金水河引水入太液池，再流往通惠河，保证了宫苑的用水。高粱河自和义门北入城，汇成积水潭。来往船只停泊在积水潭内，使其北岸、钟鼓楼一带成为商旅繁华地区。城市的排水，是在干道两侧用石条砌宽 1 米的明渠，将废水通过城墙下预先构筑的涵洞排出城外。

高粱河

高粱河是元代建都的主要依托水系，在北京城历史文化中占有重要的地位。

大都城不愧为唐代以来中国规模最大的一座平地起家新建的城市，它继承和发展了中国古代都城规划的优秀传统，反映了当时的科学技术成就，在中国城市建设史上占有重要地位。其特点可归纳为如下几点：

（1）继承发展了唐宋以来中国古代都城规划以三套方城、宫城居中、中轴对称布局为准则的传统。从邺城、唐长安、宋汴梁、金中都到元大都，都城布局逐步发展成三套整齐规划的方城相套的形制，中轴线对称也更加突出。从而反映了封建社会儒家提倡的“居中不偏”“不正不威”的传统观念，把“至高无上”的皇权，用建筑环境加以烘托，达到为政治服务的目的。从中也可看出元世祖忽必烈对中原传统汉文化的学习与继承。

（2）宫殿的规划与苑囿的不规则有机地结合起来。元大都建设以前，就把金中都风景优美、未遭破坏的万宁宫及附近大片湖面包括了进去，后又建造了整齐对称的宫殿等，使整座都城庄严肃穆中又有山水风景以及市肆街坊，具有高度的艺术价值。

（3）完善的给水、排水系统。给水河道的水源充足、渠道畅通，不仅解决了人们的饮水问题，而且又便利了商旅及城市物资供应，同时还美化了城市环境。排水的科学完善，亦保证了人们生活的方便与城市的整洁干净。

（4）城市建设前，成立了专门的机构进行科学论证，建设开始后，又进行了统一领导与指挥，认真贯彻了设计意图。如建设前水利专家郭守敬就为大都城规划了水系工程；建设开始，刘秉忠等人又在充分论证的基础上，严格要求，科学施工，先铺设下管道，再营建宫殿等，从而可看出其严密性。

（5）在结构方面，大都城门洞已采用了砖券拱门的技术。在元以前，城门洞上部一般做成梯形，用柱和梁架支撑，从元代起有一些城门用半圆形砖券。如建于1358年的元大都和义门瓮城城门洞，用四层砖券砌筑，不用伏砖，四券中仅一个半券的券脚落在砖墩台上。这种技术所筑门券不但美观，而且结实。明清盛行砖券结构无梁殿，正是对元代这种技术的发扬。

（二）上都与和林及北方其他城市

上都是元朝的陪都，遗址在今内蒙古正蓝旗东20公里闪电河北岸。此处金代称金莲川或凉陉，筑有景明宫，为金帝避暑之处。蒙哥汗时，忽必烈总领漠南军国庶事，将藩府移至金莲川地区。后在此建藩邸，取名开平府。1259年蒙哥汗死，次年忽必烈在开平即大汗位，中统四年（1263）升开平府为上都，取代了和林作为都城。后建立元朝，迁都至大都，把上都作为避暑的夏都，形成两都制格局。

上都是一座具有汉式宫殿楼阁和草原毡帐风格的新兴城市，政治经济地位十分重要。它与大都有四条驿道可通，往北又可循贴里干驿道通漠北。元廷在上都设留守司兼本路都总管府，掌管一切。

上都城遗址今仍存，城墙基本完好，城内外建筑遗迹与街道布局尚依稀可见。结合文献记载，可知上都城分宫城、皇城、外城三部分。宫城居皇城正中偏北，东西约570米，南北620米，城墙夯土外包青砖，四隅有角楼，东西南三面有门，南门与外城南门相对，门为券门。皇城正北中有矩形宫殿基址，东西长150米，南北长45.5米，基址南面两侧各有向前突出部分。宫城建筑布局明显受汉族传统影响，将统治者围在中心，同时也符合蒙古的军帐制度。

皇城在全城的东南，城墙夯土外砌砖石，东西各两门，南北各一门，每面墙长1400米，呈正方形。其东北角是华严寺，西北角是乾元寺，东南和西南二角亦各有一座庙宇。四角亦设有角楼。

外城城墙全由黄土筑成，东墙和南墙由皇城的东墙、南墙接出。外城的西、北两面各长 2200 米，东南角至皇城东北、西南两角各长 800 米。外城北开二门，南开一门。西面原有两门，元代后期毁一存一。南面一门建圆形瓮城，四面皆设壕。外城南部为一般建筑区，北部地势较高，自成一区，是当时养供统治者玩赏的花木禽兽的御园。东、西、南三郊各有长600—1000 米的街道，与城门相连，组成了很大的关厢区。北郊则有很多寺庙、宫观等建筑。

元上都是元时北方的政治经济中心，它的规模比大都小而又比和林城大，既有中原汉族城市规划的传统，又有鲜明的时代民族特色。

和林是蒙古汗国时期的都城、元朝时岭北行省的治所，全称哈剌和林。明初，北元政权据以为都，后废。故址在今蒙古国后杭爱省额尔德尼召北。

和林城建于 1235 年，南北约 4 里，东西约 2 里，大汗所居的万安宫在其西南隅，有宫墙环绕，周约 2 里。《马可·波罗游记》里描述说："和林城方圆约 5 公里，在很辽远的古代，鞑靼人最早在这里居住。这地方没有石头，周围全部用土块围绕起来，作为城墙，垒得极其坚固。城墙外面距离不远的地方，有一座规模宏大的城堡，堡内有一间富丽堂皇的巨大建筑物，是当地总督的住宅。"另外据 1253 年到和林访问的法国使臣鲁布鲁克记载，和林城内有两个居民区，一为回人区，内有市场；一为汉人区，居民尽是工匠。除此而外，和林城里尚有许多官员住宅以及 12 所佛寺及道观，两所清真寺，一所基督教堂。由干蒙古汗国的强盛，和林成为当时世界著名的城市之一，各国国王、使者、教士、商人来访者甚多，成为中外各族人民交往的集中地。

世祖中统元年（1260），忽必烈在开平城即位，其幼弟阿里不哥则据和林地区自立为大汗。次年冬，忽必烈依靠汉地丰富的人力物力打败了阿里不哥，进占了和林。四年，忽必烈升开平为上都，次年升燕京为中都（后改大都），政治中心移至漠南汉地，和林城仅置宣慰司都元帅府。大德十一年（1307），设立和林等处行中书省统辖北边诸地，并置和林路，为行省治所。皇庆元年（1312），改为岭北等处行中书省，和林路改名和宁路。和林虽失去都城地位，但仍为漠北地区政治经济中心，元朝曾派大臣出镇，遣重兵防守，并于其地开屯田，建仓廪，立学校。

元朝在北方的重要城市还有集宁路城和应昌路城。

集宁路古城遗址

元代集宁路古城遗址位于内蒙古自治区，经考古发掘，发现大量金、元时期精美器物，为研究元代的城市建制、经济文化生活提供了可靠的实物资料。

集宁路城遗址在今内蒙古西部集宁区东南25公里土城子村，是元代集宁路总管府所在地。全城分里、内、外三城。里城长宽60米，南墙中心有门。内城东西宽630米，南北长730米，四面各开一门。外城东西宽1000米，南北长1100米，东北部分内外城合用一墙，四面共开五门。东门外有瓮城，城内道路丁字相交，通向各城门。全城南部为工商业集中区，有东西三条主要横街，两排房屋密布排列。里城中心为文庙，系一整组的三合院。文庙在元代城市建筑中一般占据很重要的位置，在元代其他城市中也是这样的布局。内城是当时总管府衙门所在地。

集宁路城处元上都与大都之间，是元朝腹地的重要行政中心。另从今出土的坩埚、炼铜、铁渣、灰烬等遗物看，此处还是元朝北方的手工业中心。

应昌路城遗址在今内蒙古赤峰市克什克腾旗境内，北距锡林浩特市90公里，西南距元上都约150公里，是元代地区性中心城市的代表。其全城呈长方形，南北长约650米，东西宽约600米，方向为偏西10度。今残存的城墙最高3米，东、西、南三面开门，并有瓮城。城内东、西门间有横街，宽约10米。南门内有南北向街一条，宽约20米。城市南部为坊市，有不少市肆建筑。西南部多为民居，有小巷相通。北部为官署所在。城东门内有一组较大建筑物，四周有围墙，平面为长方形，是儒学遗址。城北有鲁王府故址，四周有院墙围绕，长约300米，宽约200米。鲁王是全城的最高统治者，所以其他建筑布局围绕鲁王府展开。

应昌路城为囊加真公主于世祖至元七年（1270）建成，初名应昌府，后名应昌路，后世为鲁国大长公主及鲁王所居，当地居民习称其为“鲁王城”。明朝占领大都后，顺帝北奔，曾驻应昌府。顺帝1370年死后，应昌路城废弃。今从此城遗址中发掘出《应昌府新建庙学记》《加封孔子制诏碑》及《应昌路曼陀山新建龙兴寺记》等文物，说明此城儒、佛等文化曾经比较繁荣。

（三）佛教与道教建筑

元代佛教与道教建筑以广胜寺、北岳庙、永乐宫为代表。

广胜寺在山西省洪洞县东北17公里的霍山之麓，相传始建于东汉建和元年（147），元大德七年（1303）毁于地震，九年重建，明清两代又有重修重建。广胜寺包括上寺、下寺、水神庙三部分。其中下寺、水神庙的建筑基本是元代修建的，是元代佛教建筑的重要遗迹；上寺虽经明清修葺，但基本布局变动不大。

下寺建在山脚下，有山门、前殿、后殿。整个建筑群前低后高，由陡峻的甬道直上为山门，经过前院再上到前殿。左右贴着殿的山墙有清代修建的钟鼓楼。后院靠北居中为后殿（即正殿），东西有朵殿。整体结构前后两个院落，形成不同的空间，是传统的建筑布局法。

下寺山门，面阔三间，进深三间六椽，单檐歇山筒瓦屋顶，前后檐下出雨搭，明间开门。它的构架为殿堂型五辅作分心槽，明间前后檐各用三椽栿伸到中柱上，另在明间前后檐柱与两山中柱间搭抹角梁。为元代建筑。

下寺后殿建于元至大二年（1309），面阔七间，进深四间八椽，单檐悬山筒瓦屋顶，前檐明、次间装格子门，梢间开直棂窗，尽间及两山、后檐砌墙。殿内在后金柱之后为佛坛，有三世佛和文殊、普贤菩萨像，均元代佳作。殿内壁画亦是元代精品，惜已于 1929 年被帝国主义分子掠去。下寺后殿在梁架结构方面很有特点。首先，使用减柱和移柱法。柱子分隔的间数少于上部梁架的间数，所以梁架不直接放在柱上，而是在内柱上置横向的大内额以承各缝梁架。殿前为了增加活动空间，又减去了两侧的两根柱子，使这部分的内额长达 11.5 米，负担了上面两排梁架。其次，使用斜梁。斜梁的下端置于斗拱上，而上阔搁于大内额上，其上置檩，节省了一条大梁。下寺后殿这种大胆而灵活的结构方法，是元代地方建筑的一大特色。

水神庙，在下寺西侧，是历史上洪洞、赵城两县祭祀水神的地方，有戏台、山门、明应王殿。明应王殿是主殿，重建于元延祐六年（1319）。殿身深广各三间，周围有深一间的副阶，形成重檐歇的建筑，明间开门，其余用墙封闭。殿属殿堂型结构单槽形式。殿内后金柱间为神龛，供明应王及侍从塑像，龛前有官员立像四躯，均元代塑像精品。

殿内四壁有元泰定元年（1324）所绘壁画。前壁左次间有著名的演戏图，上题“大行散乐忠都秀在此作场”，是研究戏剧史的珍贵资料。元代是中国戏剧形成发展的高峰期，所以元代的祠祀建筑及许多公共建筑的特有形式是正对着大殿建造戏台。这戏台为了适应表演需要，平面尺度基本一致，前后台没有固定分隔，以中间挂幔帐来区别，如水神庙壁画演戏团。

北岳庙，在河北曲阳县城西南部，是从汉代至清初千余年间历代帝王祭祀北岳恒山的地方。汉代和北魏时已有修建，后经宋元两代扩建重建，至明代中叶臻于完善。其中主殿德宁殿重建于元世祖至元七年（1270），为现存最大的元代木结构建筑。

北岳庙分前后两院，并有内外两重围墙。主要建筑置于中轴线上，

北岳庙

北岳庙主殿德宁殿是五岳祭祀中规格最高的古建筑，其建筑、壁画、碑刻皆为艺术瑰宝。

无东西配殿。其前院仅存明代所建八角三檐式的御香亭（敬一亭）一座。后院建筑自南向北有凌霄门（三间）、三山门（三间）、飞石殿、德宁殿。德宁殿为庑殿顶，殿身正面七间，进深四间，环以副阶。正面五间设隔扇门，两间设槛窗。后檐明间设板门，其余各间砌檐墙。大殿平面柱网布置，外槽前部扩大，增加了殿内参拜活动的使用面积。德宁殿内有许多精美壁画，如东西檐墙里壁绘满元代道教题材的巨幅《天宫图》，平均高 7.7 米，长 17.6 米，其中又以飞天神最精彩。另外殿内还有北齐迄清各代碑碣 137 块，又以元代赵孟頫书写碑艺术价值最高。现为全国重点文物保护单位。

永乐宫，原址在山西芮城县西 20 公里的永乐镇，故习称永乐宫。相传永乐镇为道教祖师吕洞宾的故居，乡人于其地建吕公祠，金末改祠

永乐宫

永乐宫又名大纯阳万寿宫。宫殿内部的大型壁画是我国古代绘画艺术的瑰宝，在世界绘画史上也是罕见巨制。

为观，后毁于火。元世祖中统三年（1262）重建，易观为宫，名大纯阳万寿宫。是元代道教的典型建筑，亦是道教全真派的重要据点。

永乐宫现存龙虎、三清、纯阳、重阳四殿。每殿都坐落在高大台基上，各殿之间有甬道相通。其中三清殿为宫中主殿，正面七间，进深四间。前檐当中五间装满木槅扇，后檐仅当心间装板门，其余部分和东、西两面砌墙，内墙面绘有壁画。各殿平面布置不拘一格。

永乐宫采用抬梁式构架的殿堂形制，下架用“明栿”，上架用“草栿”。外围柱都有明显的侧脚生起，角柱直径大于平柱，加强了建筑重心的稳定性和四角刚度。与前述广胜寺大殿不同，仍遵宋金结构传统，规整有序，是元代官式大木结构的一种典型。

永乐宫的建筑彩画十分精美，其中尤以三清殿为最。三清殿内檐彩画，不做油灰地仗，采用“勾填法”，先以墨线勾勒图案轮廓，然后填染颜色。阑额彩画，采用泥塑与绘画相结合的做法，找头画旋花，枋心画锦地，再将泥塑的行龙和牡丹花钉在阑额的画面上。栱眼壁画流云，泥塑金龙。三清殿彩画以青绿色为主调，兼施金、红两色，大体上属于碾玉杂间装做法。它一方面继承了宋代建筑彩画的传统工艺，另一方面出现了若

《朝元图》壁画局部

《朝元图》壁画描绘了诸神朝拜元始天尊的故事，是元代壁画艺术的最高典范。

干变体和创新。其中以青绿色调为主的彩画到明清时期成了官式彩画的主流[①]。

永乐宫内还有960平方米的壁画和大量碑刻，其中三清宫殿壁画《朝元图》是现存规模最宏伟、题材最丰富的元代壁画。画中人物形象生动，色彩和谐，技法和构图都达到了很高水平。1959年因原址修水库，按原样将全部建筑与壁画迁至芮城县北3公里龙泉村东侧。现为全国重点文物保护单位。

（四）蒙古包

蒙古包是蒙古族等游牧民族传统的住房。古代叫“穹庐”，又叫“毡帐”“帐幕”“毡包”等。蒙古语称“嘎勒”，满语叫“蒙古包”或“蒙古博”。满语“包”意为“家”或“屋”，所以从清代以后就一直称蒙古包。

蒙古包是游牧民族为适应游牧生活而创造的一种易于拆装、便于游牧的居所。它的历史比较悠久，自匈奴时代就已出现，如被匈人滞留的汉朝李陵在《答苏武书》中就有“韦鞲毳幕，以御风雨”的句子描写匈人居所。公元5世纪左右，林胡与东胡人的居室开始用的是用树枝草木搭成的“马脊架”，后由于游牧搬迁的需要，又仿照“马脊架”制作了皮布“幔帐”，类似今天的帆布帐篷。蒙古人崛起于大漠南北后，由于蒙古高原风沙大，雪多，气候又异常寒冷，长方形的幔帐冬不保暖，夏不凉爽，春天经常被大风掀翻，冬天有时被大雪掩埋。于是人们为了适应游牧生活的需要，对这种幔帐进行了改进。他们从祭神的敖包周围不积雪，不直接受风得到启发，于是制造了圆形蒙古包。

① 参见《中国大百科全书·建筑卷》。

蒙古包呈圆形，四周侧壁分成数块，每块高130—160厘米，长230厘米，用木条编成网状，几块连接。帐顶与四壁覆盖或围以毛毡，再用绳索固定。西南壁上留一木框，用以安装门板，帐顶中央留一圆形天窗，以便采光、通风、排放炊烟，夜间或风雨雪天用毛毡遮盖。包内还设有火塘或炉灶。蒙古包一般高3米左右，直径4—5米，大者可容数百人。蒙古汗国时期可汗及诸王的帐幕可容2000多人。元代诗人柳贯的《观失剌斡耳朵御宴回》对超大型豪华蒙古包有生动描述。他说："毳幕承空柱绣楣，彩绳亘地掣文霓。辰旂忽动祠光下，甲帐徐开殿影齐。（自注：御宴设毡殿失剌斡耳朵，深广可容数千人。）""失剌斡耳朵"系蒙古语，汉意为黄帐，亦称金帐，一般为皇帝行宫。其外施白毡，后亦有包银鼠、貂皮及虎皮的，内以黄金抽丝与彩色毛线织物为衣，柱与门以金裹，钉以金钉，冬暖夏凉，深广可容数千人，极其华贵宽阔，是为蒙古包之极致。柳贯目睹其状并作了描述，可使后人知道元代蒙古包不只三五人居住之简陋毡包，亦有如此华贵者。

元代蒙古包已分固定式和游动式两种。半农半牧区多建固定式，周围砌土壁，上以苇草搭盖；游牧区多为游动式。游动式又分可拆卸与不可拆卸两种，可拆卸者用牲畜驮运，不可拆卸者用牛或马车拉运。一直到今天，游牧区仍有居住蒙古包者，并且在大城市里也有仿蒙古包样子的建筑，有的城市还把它作为一种旅游景点建筑引入，受到各民族人民的喜爱。

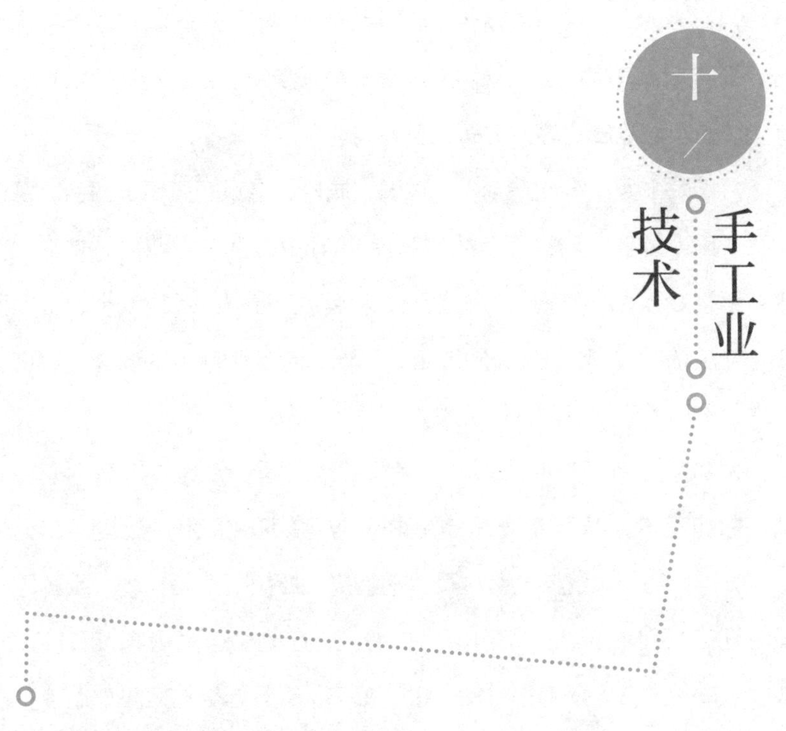

十、手工业技术

（一）组织机构及其管理生产情况

元代手工业主要包括官办与民办两种，而官办又占据绝对主导地位，其官办手工业空前发达，无论在管理机构还是生产规模与产量方面，均远超宋金时期。

蒙古统治者在建元之前的蒙古汗国时期，就在北方设立了许多从事手工业生产的局院。到建立元朝、全国统一后，经营官办手工业的局院已遍及全国各地，形成了一套比较完备的官办手工业系统。其中政府直接控制的主要有工部系统、将作院系统、大都留守司系统、武备寺系统及地方政府系统等。

工部主要“掌天下营造百工之政令。凡城池之修浚，土木之修葺，材物之给受，工匠之程式，铨注局院司匠之官，悉以任之”（《元史·百官志一》）。其所属生产性机构主要有诸色人匠总管府、诸司局人匠总管府、提举右八作司、诸路杂造局总管府、大都人匠总管府、提举都城所、受给库、符牌局、撒答剌欺提举司等。涉及雕刻、塑造、纺织、冶炼、铸造及城池修缮等方方面面。

将作院主要“掌成造金玉、珠翠、犀象、宝贝、冠佩、器皿，织造刺绣、段匹纱罗、异样百色造作”等（《元史·百官志四》）。其下属机构有诸路金人匠总管府，“掌造宝贝、金玉、冠帽、系腰束带、金银器皿，并总诸司局事”。又有制造玉、玛瑙、金丝、鞋带、烧瓷、妆钉、雕木、玳瑁、漆纱冠冕，以及采砂等司局十余所。

大都留守司“兼理营缮内府诸邸、都宫原庙、尚方车服、殿庑供帐、内苑花木，及行幸汤沐宴游之所”。其下属有木、泥厦、车、妆钉、竹作、绳等局。又有祗应司、器物局、犀象牙局、窑场、木场等。祗应司下又有油漆、画、销金、裱褙、烧红等局；器物局下有铁、减铁、盒钵、成鞍、网刀子、旋、银、轿子、采石等局；犀象牙局下有雕木、牙等局。

武备寺主要“掌缮治戎器，兼典受给”（《元史·百官志六》）。其下在北方太原、辽州、济南等地设军器局司三十余所，制造各式兵器及军用品。

地方各路、府、州、县均设有手工业局院。诸路总管府下有织造局、杂造局。织造局主要织造、印染纺织品，杂造局制造兵器及其他杂物。据王允恭在《至正四明续志》里记载，有些地方织造局的规模是很大的。如庆元（治所在今浙江宁波）织染局，拥有土库三间、库前轩屋三间、厅屋三间，前轩厅后屋一间、染房四间、吏舍三间、络丝堂十四间、机房二十五间、打线场屋四十一间、土祠一间，计九十八间，可见其规模之大。

除上述由政府管辖的手工业外，皇太子、后妃、驸马、诸王贵族等也控制部分手工业，作为政府的补充。主要有皇太子名下储政院所属各机构，后妃名下的中政院、长信寺、长秋寺、承徽寺、长宁寺等所属各机构，诸王驸马的各局院等。

元代官办手工业种类繁多、机构庞大。据《经世大典序录·工典总叙》记载，其大类即有宫苑、官府、仓库、城郭、桥梁、河渠、郊庙、僧寺、道宫、庐帐、兵器、卤簿、玉工、金工、木工、抟埴、石工、丝枲、皮工、毡罽、画塑、诸匠等22类。其中建筑9项，手工业生产及工艺品生产12项，徭役1项。其名称一般称局、院、提举司、所、库等，设院长、大使、副使、提举、同提举、副提举、提点、提领等官员，其下又有管勾、作头、头目，堂长等。据《元典章·吏部·循行选法体则》中说，工匠在500户以上者称提举、副提举、同提举，300—500户者称院长、提领、提点，100—300户者称大使、副使。政府还另设覆实司，对官办手工业的产品质量、原料使用情况进行检查核实。

另外，元代还存在着作为官办手工业补充的民间手工业。民间手工业在官方垄断了原材料、劳力、技术、资金以及市场的情况下，发展颇为困难。其特点是在自给自足的自然经济基础上，家庭手工业具有普遍性。即规模不是很大，产品种类也远远比不上官办的多。其生产的产品主要是纺织、陶瓷、酿酒方面的。冶炼业除铜矿外，也有一些民办的。

正是在此基础上，元代在手工业及其他制造业方面取得了长足进步。其中突出者如兵器业、纺织业、造船业、印刷业及陶瓷业与漆器业等。

（二）兵器业

兵器业是在元朝得到优先发展的一个行业。因为元朝统治者在灭宋建元之后，为了巩固自己的统治和继续进行对内对外的战争，急需先进的兵器。他们首先在组织管理机构方面对兵器的制造给予保证。如前所谈到的，兵器制造主要由武备寺负责。世祖至元五年（1268）成立了军器监，二十五年又改为武备监，隶属于卫尉院，二十六年又改为武备寺，与卫尉院并立，由正三品卿掌管。下属有制衣甲的寿武库、制造军器的利器库、管理外路各军器局的广外库，京外各路也大多设有军器人匠提举司、军器人匠局、军器局，各路下府、州、县还有甲局、弓局、箭局、弦局、杂造局等。

火铳是利用火药在金属管里爆炸产生的气体压力，把弹丸发射出去，与今天枪炮的原理是一致的。显然它比炮更为先进，杀伤力也更大。现出土数尊元代火铳，如阿城铳、西安铳、黑城铳、通县（今北京通州区）铳、至顺三年铳、至正十一年铳等，从这些铳的制造与功能上可看出元代兵器业的成就。其中：

阿城铳，1970 年黑龙江阿城出土，故名。它是单兵使用的手铳，由铳膛、药室、尾銎三部分组成。铳身全长 340 毫米，铳膛长 175 毫米，口径 26 毫米，重 3.55 公斤。

至顺三年铳，文宗至顺三年（1332）造，铜质，铳身全长 353 毫米，口径 105 毫米，尾底口径 77 毫米，重 6.94 公斤。它与手铳不同，铳身较粗，铳口较大，可以发射大型炮弹，适宜于守御隘口，攻城破坚。现收藏于中国历史博物馆。

至正十一年铳，制造于顺帝至正十一年（1351），全长 435 毫米，口径 30 毫米，重 4.75 公斤，铳身从铳口至尾端共有六道箍。是一种远程炮，发射的弹丸较小。现藏中国人民军事博物馆。

这些铳有手提式、远程式、近距离重炮式，用途各不相同，所用弹丸有大有小。说明当时已能根据不同需要制作不同型号与用途的火铳，也能根据不同的要求配制大小不等的弹丸。其制作工艺精细，冶铸要求很高，在世界上也居领先地位。

元火铳的研制成功，吸收了宋代突火枪的技术。如在发射原理方面，元火铳与宋突火枪基本一致，但火铳管是用金属做成，突火枪用竹子做成。火铳比突火枪射程远，火力猛，能承受更大的压力。突火枪是将火药放进枪筒内，点燃后将火药喷射出去，火铳则把火药做成弹丸，利用气压把它射向远方，因此威力更大。从竹筒到金属筒，反映了元代冶炼铸造技术的进步。元火铳研制发明后，官方手工业局制造了很多，并很快用于实战。如至正二十四年（1364），达理麻识理为抵御孛罗贴木儿进攻大都，将“火铳什伍相连，一旦布列铁幡竿山下”（《元史·达理麻识理传》），给敌军造成极大威胁。

火铳的使用还离不开火药，元代在火药的配制方面也非常先进。如西安火铳出土后，其药室中尚残存有紧密结实的块状火药，经有关部门进行科学分析检测，认为该火药中硝、硫、炭的组配比率大致是60%、20%、20%。同宋代火药相比，硝的含量已明显增加，除硫黄和木炭外，各种杂质已经剔除，是一种较好的粒状发射火药。与欧洲14世纪中叶所用火药的组配比率67%、16.5%、16.5%大致相近，这也在一定程度上反映了中国火药西传的情况。这种火药的爆炸力很强，这点除从火铳发射给敌方造成伤害的记载中可以得知外，另从“扬州炮祸”事件中也可看出。至元十七年（1280），扬州炮库发生了一次大爆炸，史称“扬州炮祸”。宋元之际的周密在其《癸辛杂识·炮祸》中，对炮库爆炸后所造成的严重破坏作了详细记载，他说炮库起火后“火枪奋起，迅如惊蛇……诸炮并发，大声如山崩海啸……远至百里外，屋瓦皆震……事定按视，则守兵百人皆靡碎无余，楹栋悉寸裂，或为炮风扇至十余里外。平地皆成坑谷，至深丈余。四比居民二百余家，悉罹奇祸”。可见此炮、此火药之威力。

元代火铳、火药制造在当时世界上处于领先地位，其弓箭、刀枪、盔甲等制造也颇多可赞之处，数量不少，品种繁多，质量精良，总体反映了元代兵器业的突出成就。

（三）纺织业

元代纺织业主要包括丝织业、棉织业与毛织业三部分。

1. 丝织业

丝织的主要原料是蚕丝，蚕的主要食物是桑叶。元代在种桑、养蚕、缫丝、织物、染色等方面形成了一条龙生产体系，推动了丝织业的发展。

据元代官方编纂的《农桑辑要》记载，元代大力提倡农桑生产，并将桑树分为荆、鲁两大类。称“荆桑多椹、鲁桑少椹。叶薄而尖，其边有瓣者荆桑也。凡枝干条叶坚劲者，皆荆之类也。叶圆厚而多津者，鲁桑也。凡枝干条叶丰腴者，皆鲁之类也”。又说“荆桑根固而心实，宜为树，鲁桑则盛茂，宜为地桑”。这说明元时人们对桑树的分类及其各自特质已有明确的认识，进而为了发挥各自特长，在种植方面采取了嫁接技术。王祯《农书》总结了六种常用的嫁接方法。第一种叫身接（即冠接）；第二种叫根接，接根部；第三种皮接，即现在的“抱娘接”；第四种为枝接，类似皮接；第五种是靥接，现称片芽状接，以小树为宜；第六种是搭接，“将所接条并削马耳，相搭接之”。这样就提高了桑叶产量和质量，为养蚕提供了良好条件。

元代对养蚕有细致、严密的要求，《农桑辑要》归纳为十体、三光、八宜、三稀、五广及杂忌等。十体即从寒、热、饥、饱等十个方面去体会养蚕的条件；三光即从蚕的白、青、黄等不同肌色决定饲叶的多少；八宜是指根据蚕的不同生长时期，为蚕选择不同的光线、温度、风速、饲叶速度等八种生长条件；三稀指下蚁、上箔、入簇时要稀疏；杂忌列举了影响蚕生长的声音、气味、光线、颜色等不利因素。如此严格科学的要求，在前代是不见记载的。

蚕茧出来就要进行缫丝，《农桑辑要》对元代缫丝工具及生产过程有详细记载。依次为热釜、冷盆、突灶、軖车、打丝头、缫丝等程序。详细情况见《农桑辑要》卷四记载。

关于丝织工具，王祯《农书》中专列织纴一章，图文并茂地介绍了丝篗、络车、经架、纬车、织机及梭子等丝织工具，说“凡纺络经纬之有数，梭杼摧机杼之有法，虽一丝之绪，一综之交，各有伦叙”。特别是薛景石在其《梓人遗志》这部木工技术的专著里，详细记载了元代丝织所用的华机子（提花机）、立机子、罗机子及络丝所用掉篗座和穿综所用的泛床子等，并分别对这些机具的用材、功能及使用方法进行了评述。该书提到的华机子、立机子、罗机子等虽然前代也已出现，但此书的可贵处是对“每一器必离析其体而缕数之。分则各有其名，合则更成一器”，对每一机具的零件如龙脊、卧牛子、特木儿等都有详细说明，并附有装配法，对研究我国织具演变有重要史料价值。

总括各种文献资料，元代织机形制可分素机（平机、立机）、花机、罗机、熟机（用于织小提花）、云肩栏袖机（织妆花用）等多种，其制造组装备不相同，使用也有严格要求，说明元朝丝织技术的进步。

元代丝织品有绫、罗、锦、缎等。这些织物继承前代技术，并形成自己独特风格。如织金锦在元代十分流行。据元人戚辅之《佩楚轩客谈》记载，当时有长安竹、天下乐、雕团、宜男、宝界地、方胜、狮团、象眼、八答韵、铁梗襄荷等十种织金锦流行。元代称这些织金锦为纳石失或金搭子，其区别在于织金区域的大小。宫廷用料均大量使用织入金线的锦。其织金法有片金、捻金等。片金是将金打成金箔，然后贴于锦纸上切成金条，用于织造。捻金又称圆金，是将金片包在棉线外加捻而成金线。还有用丝线染以金粉而成金线的，称软金。通常由金线、纹线、地纬三组纬线组成，称地结类组织，也有加特结经的情况，金线显花处有变化平纹、变化斜纹，这种组织一直沿用至今。

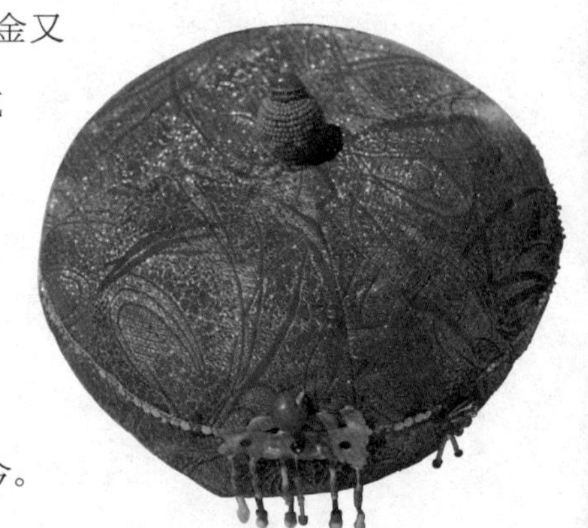

织金锦

织金锦本为波斯特产，元代蒙文中称为“纳石失”，是以金缕或金箔切成的金丝作纬线织制的锦。

缎在元朝也已广泛纺织，迄今地下出土实物最早的是元代的缎。如江苏无锡元代墓出土了六枚缎组织的素缎和五枚正反暗花缎；山东邹县李裕墓出土了一顶女花缎帽，上织杂宝云纹图案，地花组织是经纬五枚；苏州娘娘墓中也出土了织金缎，是五枚正反缎地上再以圆金织入，呈现菱花主纹。这些缎物织制精良，纹样繁杂而清晰，表明当时织缎技术已达相当高的水平。另外，罗、绫等丝织物也很多。据《元典章》记载，当时文武百官公服均用罗织物制成，贵族的帐幕也多用罗。罗的品种不断翻新，有刀罗、芝麻罗、嵌花罗，还有织入金丝的罗。据出土文物看，绫中较常见的是四枚的异向绫。

这些绫、罗、锦、缎均要印染。其程序是先用酶练法脱胶，然后上色。色彩有红色类、黄色类、青绿类、紫色类、褐色类、黑色类、白色类等多类。每大类中又包括多种相近颜色，如褐色类里包括30多种，要区别其色彩只有靠染料配合、配方及工艺条件的改变方能达到。具体染色工艺多用媒染，根据所用染料种类多寡分单色染和复色染，整个工艺可分为打底、预媒、初染、后染四步。另外，元代印金工艺也有较大发展，其明显不同于宋代处是印金已施行于整件衣服，而宋朝则主要用于衣襟局部。

2. 棉织业

棉织业发展的前提条件是棉花的大量种植。据文献记载，我国的棉花是从印度引入的，南北朝时就在四川成都等地有种植。唐代又经北路传到新疆，经南路传到两广、福建。到了元代，棉花种植地域更有扩大，南路开始传入长江中下游，北路传入甘肃和陕西。种植技术水平也有很大提高。从育苗到栽培、采摘都有一套严格的要求。如《农桑辑要》记载："新添栽木棉法，择下湿肥地，于正月地气透时，深耕三遍，摆盖调熟，然后作成畦畛，连浇三水，用水淘过籽粒，堆于湿地下，……待六七日，苗出齐时，旱则灌溉。锄治常要洁净，稠则移栽，稀则不须，每步只留两苗，稠则不结实。……开花结实，直待棉欲落时为熟，旋熟为摘。"王祯《农书》中也有如何种植棉花的记载。棉花的大量种植，为棉织业提供了可靠的物质保证。

元代织棉技术已相当成熟，从其使用的工具来看就知其先进性。综括有关史料记载，元代治棉机有如下数种：

搅车　亦称"踏车""轧车"，是挤轧棉籽的工具。据《农书》卷二十一载："夫搅车四木作框，上立二小柱，高约尺五，上以方木管之，立柱各通一轴。"又说："二人掉轴，一人喂上棉英，二轴相乳，则子落于内，绵（棉）出于外。"这种木棉搅车，利用了曲柄碾轴、杠杆等力学原理，生产效率较前沿用很久的轧棉铁轴或铁杖提高了很多，是我国治棉技术的一大进步。前此铁轴或铁杖容易造成原棉积滞，不能迅速轧籽，改用此法"木棉虽多，去籽得棉，不致积滞"。

弹弓　是用来弹松棉花的工具。元初继一尺四五寸的小竹弓后，出现了四尺许的大弓，绳弦竹弧。其优点是弓身长大，便于用弹椎击弦，因而有助于弹棉效率的提高。

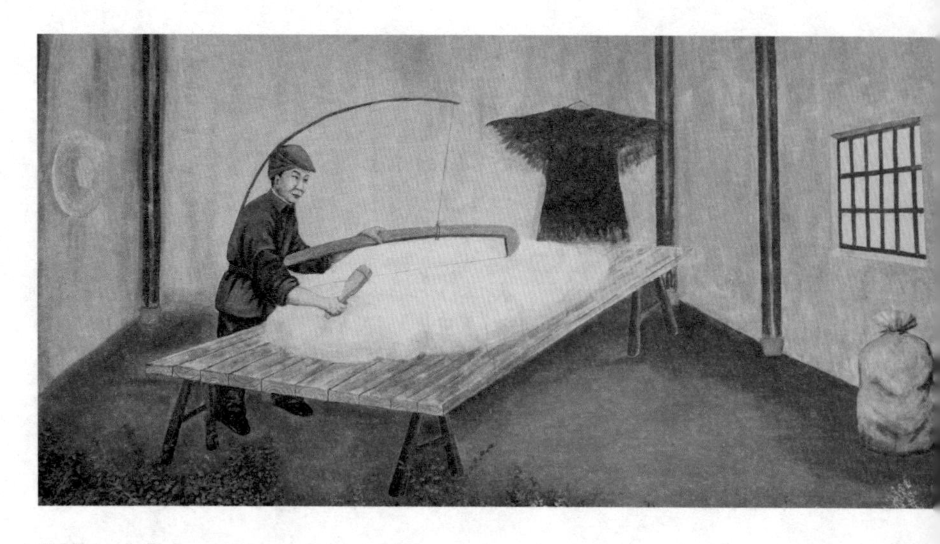

弹弓

弹弓是将棉花变得更加松软的工具，如今较常用的是弹花机。

弹椎　亦称“弹槌”，是用来敲击弓弦的工具。以前一尺四五寸的小竹弓，线弦竹弧，不可能借助弹椎击弦弹棉。元代创制了大弓，就可利用弹椎进行弹棉，提高了效率。

卷筳　是卷棉为筒的工具。卷棉为筒，是治棉的第三步工序。

纺车　此是纺纱工具。据《农书》卷二十一载：“木棉纺车，其制比苎麻纺车颇小。夫轮动弦转，�星繀随之。纺人左手握其棉筒，不过二三，绩于筳繀，牵引渐长。右手均捻，俱成紧缕，就绕繀上……此即纺车之用也。”可知纺纱过程中如何捻绪纱缕，纱绪如何绕绩于筳繀之上，以及纺车的动力是“轮动弦转”。元代已有了手摇纺车。

绕籰和牵经工具　此两种工具主要是上机就织以前，须绕籰和牵经打纬所使用，目的是接长经线。牵经工具又有拨车、軖车。织布所用经线量很大，用拨车来旋，不能满足供应，故又创制了更为先进的軖车。

织机　最后织成棉布的工具。元代已出现了提花织布机。

黄道婆是元代棉纺织业的重要人物。她对棉纺织技术的传播与改进做出了杰出贡献。

黄道婆出生于松江府乌泥泾镇（今上海华泾镇）一贫苦农民家庭。幼年因家境窘迫流落到海南岛崖州谋生。当时海南岛黎族的棉纺织技术很先进，黄道婆从黎族人民那里学会了一套制造棉织机的技能与崖州织被面的方法。成宗元贞年间（1295—1296），她搭乘顺道海船返回原籍。她见家乡人们还在用手剖剥棉桃籽，用“线弦竹弧”拨弹棉花，便把从黎族那里学的技术传授开来。她教给大家“做造捍弹纺织之具”以及“错纱、配色、综线、挈花”的方法。她还传授了相当先进的提花技术，使织成的“被、褥、带、帨（毛巾），其上折技、团凤、棋局、字样，粲然若写”（《辍耕录》卷二十四）。其后本地人民根据她教的方法所织成的被面，被称为“乌泥泾被面”，闻名全国，犹如现代的蜀锦被。她又织造出各色各样的棉布，并在其上绣以各种纹理。

织机

早期的织布机依靠人力带动。现代纺织工业的发展过程中，出现了多种形式的无梭织机。

黄道婆

黄道婆是宋末元初著名的棉纺织家、技术改革家。在清代的时候，被尊为布业的始祖。

中国的棉纺织业，在黄道婆提倡棉纺织以前，受到技术等方面的严重限制，生产效率低下，也影响了棉花的种植推广。黄道婆悉心改进治棉工具，推广棉纺织技术，初步解决了以前的种种束缚。她改进的治棉工具详细情况已不可知，不过根据资料分析，可能与前述种种相仿。她在崖州少数民族地区学得了先进的棉纺织技术，返乡后又热心传播，促使棉纺织业在广大的长江下游地区兴起。上海人民为了感激黄道婆在棉纺织业上的贡献，特地为她立祠祭祀。（褚华《沪城备考·黄道婆祠》）自元而后，棉纺织业在全国蓬勃发展，成为重要的手工业部门了。

3. 毛织业

毛织业在元代主要指毡罽业，它是在元代发展起来的一个纺织系统行业。我国北方的蒙古族等少数民族，在长期的游牧生活中，很早就注意毡罽的生产。蒙古族入主中原后，宫廷、贵族对毡罽的需要量猛增，诸如铺设、屏障、庐帐、蒙车、装饰等物均需要毡罽，因而官方对毡罽业的发展很重视。当时掌管制毡工业的有大都毡局、上都毡局、隆兴毡局等三所。还有剪毛花毯蜡布局。大都毡局有工匠 125 户，镇海管理的宏州局内也有不少工匠，汴京有织毛褐工 300 户。世祖中统三年（1262），又在和林设局制造毛织品。

这样，元代毡罽生产数量得到极大提高，以大都毡局为例，中统三年设局的当年就织造了羊毛毡 3250 段，以后三年内又织成白毡 810 片、悄白毡 180 段、大糁白毡 625 段、熏毡 100 段、染青小哥车毡 10 段、大黑毡 300 段，另外还染毡 1225 斤。（见《大元毡罽工物记》）又如随路诸色民匠打捕鹰房都总管府属下的察迭儿局，泰定元年（1324）一次送纳入库的就有白厚毡 2772 尺、青毡 8112 尺、四六尺青毡 179 斤。（见《大元毡罽工物记》）其花色品也很多。从大德二年（1298）到泰定五年间，随路诸色人匠总管府为上都皇后宫殿、斡耳朵、皇帝影堂织造的地毯，就有剪绒花毯、脱罗毡、入药白毡、半入白帆毡、无矾白毡、雀白毡、半青红芽毡、红毡、染青毡、白袜毡、白毡胎、剪绒毡等12 种。其中至治二年（1322）所造的一条地毯长 50 尺，阔 22.5 尺。另外，从山西大同元墓出土的毡帽、毡靴等物来看，其质地细致，保存完好，说明元代毡罽业的工艺水平很高。

（四）印刷业与造船业

1. 印刷业

元代印刷业包括官方与民间两部分。官方印刷业中由中央官府管辖的有国子监、兴文署与艺文监等。据《元史·百官志》记载，兴文署掌刊刻经史，属集贤院。《元秘书监志》也载："至元十年（1273），太保大司农奏，兴文署雕印文书，属秘书监。本署设官三员，令一员，丞三员，校理四员，楷书四员，掌纪一员，镌字匠四十名，作头一，匠户

国子监

国子监是元、明、清三代的国家最高学府和教育行政管理机构，也称为"太学""国学"。

十九，印匠十六。”在如此严密的组织下，元代官府刻书甚多，其中尤以胡三省注《资治通鉴》刻得最早最好。另外，地方官府刻书主要以书院为主，书院的山长（院长）亲自校勘，刻印了不少比宋代书坊刻本更好的书籍。

民间印刷业又包括书坊经营和私家刊刻两部分。元代书坊刻书比官府和私家更多。著名者如福建建宁、建阳、建安，江西庐陵，山西平水、平阳，浙江婺州等地的书坊。私人刻书家也有平阳府梁宅、平水许宅、建安郑明德宅及陈忠甫宅、花溪沈氏家塾等 36 家，刻书甚多。

元代印刷业如此发达，还得益于印刷术的进步。印刷术是我国古代的四大发明之一。北宋发明活字印刷术后，在元代又有了显著改进。其突出标志是在我国历史上最早的金属活字锡活字的创制和木活字在刻书中的应用，以及转轮排字法的使用。这其中又以王祯的贡献为最大。

锡活字是以锡为原材料铸成的字模，在元初已有创制。王祯在《农书·造活字印书法》中叙述了锡活字的研制与使用情况。由于当时没有好的油墨，容易印坏，所以未能推行开来。为了克服其缺点，王祯用木活字代替。其法是“造板木作印盔，削竹片为行，雕板木为字，用小细锯锼开，各作一字，用小刀四面修之，比试大小高低一同，然后排字作行，削成竹片夹之。盔字既满用木楔楔之，使坚牢，字皆不动，然后用墨印之”（见王祯《农书·造活字印书法》）。在刻字之前，先按韵分类写在纸上，然后糊于板上再刻。之、乎、者、也及数目字等常用字则分一类，便于挑拣。印墨用棕刷顺界行竖刷，不可横刷。王祯所著的《旌德县志》就是采用此法印刷了 100 部。《旌德县志》是我国第一部木活字印本，其后就多了。

王祯还发明了转轮排字法，大大减轻了排字工人的劳动强度。转轮排字法即做一大轮，轮置两面，一轮将活字按韵编好放入，另一轮面放常用字。排版时一人坐中间，依号码拣出活字，放进盔盘，十分方便，并大大提高了工效。

另外，元代印刷业还广泛采用了套版印刷和铜版印刷技术。所谓套版印刷就是在一张纸上印几种颜色，这样，一张纸需用尺寸相同的印版分作几次印刷。最初的套版印朱墨两色，是用红黑两版合印而成的。元顺帝至元六年（1340），中兴路资福寺刊刻的无闻和尚所著的《金刚经注》，就是朱墨两色的印刷品。这比欧洲第一本套色印刷品《海因兹圣诗篇》（Hainz Psalter）早117年。铜版印刷，元代的钞票就是用这种方法印刷的，后来还用于佛像的印刷。

2.造船业

元代河运、海运非常发达，这就与造船业起了互相促进的作用。河运、海运需大批高质量的船只，推动了造船业的发展，造船业又反过来为河运、海运提供了可靠的船只保证。

元代船只无论数量还是规模质量方面都比前代有很大的发展。如《元史·河渠志·会通河》载："始开（会通）河时，只许行百五十料船，近年（1314年左右）权势之人，并富商大贾，贪嗜货利，造三四百料或五百料船，于此河行驾，以致阻滞官民舟楫。"这是说明其船只航行之多。至于其大且精可从现今打捞的海底沉船与时人的描述看出。1975年在韩国木浦附近海底发现的元代海船，船长约95英尺（29米），宽25英尺（7.62米），全船分为12间船舱，载重达400—500吨。其中有一支四尖叉的锚，长7.5英尺（约2.3米），重700磅（约317.5千克）。另《马可·波罗游记》记载了马可·波罗返国时乘坐的中国海船情形。其用松木制造，船室有五六十个，每船分隔成10余舱，互以厚板相隔，船身损坏时不致沉船，有一舵，2—4根桅，无风时用橹，橹极大，用四人操作。船上有水手200人，另有两小船系其后，每小船有船夫4—50人。这些说明元代海船之大，质量之精。另元末一些史籍记载“华船之构造、设备、载量皆冠绝千古”“船之大者，乘客可千人之上云”“大型之船，有四层甲板”“普遍四桅，时或五桅六桅，多至十二桅云”等[①]，亦可看出元海船之庞大精美。

元代船只制造方法，据马可·波罗说：船用好铁钉结合，船底另加二层厚板，用一种特殊材料黏合，然后用麻及桐油掺和涂壁，绝不透水。这种船舶每年修理一次，加厚板一层，直至加到六层厚时为止。海船两旁用大竹帮夹，以保持航行时的稳定。船上有大铁锚，重数百斤，下有四爪。船型主要有平底和尖底两种。平底船能坐滩，不怕搁浅，稳定性强，装置量大。尖底船多用作战舰。

（五）陶瓷业与漆器业

1. 陶瓷业

瓷器是元代对内对外商业贸易的重要物品之一，需求量很大，从而促进了陶瓷业发展。元瓷形制，继承宋代诸窑烧制技术，又有自己的特色。如元代瓷器在釉色方面釉厚而垂，浓处或起条纹，浅处仍见水浪，这是其独特之处。另，元瓷受蒙古民族习俗的影响，有些式样为前代所无，如仿奇兽怪鸟形状做成的器物，以及壶上附以大耳等。此外，元代好尚武勇，其武力强盛为前代所无，故这种胜利者的心态亦反映在瓷器上，如中国陶瓷史上色彩绚丽、光辉灿烂的戗金瓷器就盛行于元代，表现了其气焰万丈之概。这种五彩戗金瓷器，以及其他带有蒙古民族特色的器具，颇为别致。

元代瓷器品种很多。以景德镇烧制的进御瓷器为例，就有青瓷、白

---

① 桑原骘藏著，陈裕菁译．蒲寿庚考［M］．第二章《蕃客侨居中国之状况》，中华书局，1954.

瓷、印花、划花、雕花等多种。这些御用瓷品土埴白而细腻，多小足印花及戗金器，还有高脚碗、马蹄盘、耍角盂、蒲唇、弄弦碟等器。器内有枢府字号。特别是青花瓷器的烧制，自晚唐创始以来，历经宋金，到元代趋于成熟。其中又以景德镇的青花瓷器为代表。景德镇之所以能在元代烧制出中国陶瓷史上具有划时代水平的青花瓷，一方面是由于此时景德镇制瓷工人已积累了丰富的烧制影青瓷的技术经验，另一方面是当地盛产优质瓷土，利于烧制精瓷。元代最著名的瓷器即为青花瓷器。其装饰图案一般比较繁复，如故宫博物院所藏四件青花大盘，其盘心系用三种不同的花纹组成图案，三种纹饰用简单的线条隔开[①]。青花瓷器发展到明代成为明瓷的主流。

元代陶瓷业发展的一个重要特点是龙泉窑的分布进一步扩大。元代龙泉窑已由宋金时的大窑和溪口，迅速向欧江和松溪两岸扩展。当时有龙泉窑 150 余处，其中分布在欧江与松溪两岸的就占三分之二。这样，龙泉窑瓷器就能顺流而下，转由当时重要通商口岸温州和泉州运到国外市场。龙泉窑是沿用长条形的斜坡式龙窑。其烧制的瓷器胎骨渐趋厚重，器身在转折处作棱角和凹槽。圈足垂直，足底齐平，釉层较薄，色呈青黄。不但种类多，而

龙泉窑荷叶盖罐

龙泉窑因主要产区在浙江省龙泉市而得名，是宋代著名的瓷窑之一。“粉青”“梅子青”代表龙泉窑系的主流。

① 冯先铭．十四世纪青花大盘和元代青花瓷器的特点［J］．文物，1959（1）．

且富有特色。近年在大窑和竹口等地出土的大型瓷器，如高达约 1 米的花盘、口径为 60 厘米的瓷盘，就标志着当时龙泉窑在制瓷技术上的成就。

元代宫廷内室所用瓷器，基本上是景德镇烧制的。景德镇已成为元代制瓷工业的中心。据元代蒋祁在《陶纪略》中记载："景德镇窑者三百余座。埏埴之器，洁白不疵，故鬻于他所，皆有饶玉之称。"（《江西通志·经政略》引）政府还特设浮梁瓷局，管理景德镇及其他地方的制瓷业。景德镇制瓷业在色釉、纹饰、品种三方面有突出成就。其色釉在红、紫两方面仿宋代钧窑很有成就，尤其是紫色方面更加突出，后代称为"元紫"。在黑釉方面加以戗金，对宋代上釉技术进行了发展。明初曹昭在《格古要论》里说："有青黑色戗金者，多是酒壶、酒盏，甚可爱。"其纹饰亦承宋制，如印花、划花、雕花等。其青花、釉里红，到元代又发展法花三彩，最后发展到五彩，当时称为"五色花"。在装饰方面，元代瓷器出现了褐色点彩，并且普遍有花纹。纹饰塑造采用划、刻、印、贴、镂、堆等多种手法，其中印花和镂刻，是元代新发展起来的。纹饰的题材，有新兴的雷纹、锯齿纹、方格纹等。在瓷器上还大量出现了文字。另外，在品种方面，元代瓷器不仅多种多样，如碗盏、盘皿碟、盂钵、洗、瓶炉等，而且有的瓷器还有了新的用途。如《格古要论》说："古人用汤瓶酒注，不用壶瓶及有嘴盂。茶盅壶盘，皆胡人所用，中国人用者始于元朝，古定、官窑俱无此器。"可知古壶不必有嘴，元代以后才将有嘴的称壶，无嘴的称瓶[①]。

2. 漆器业

元代漆器业从流传文物与文献资料记载来看，主要是雕漆的成就比

① 祝慈寿. 中国古代工业史·元代制瓷工业的发展［M］. 学林出版社，1988.

较大。雕漆又称剔红，是一种名贵的漆器。其制作方法是将漆涂在木胎（或锡胎）上，一层一层涂刷多次，每次上完漆后剔出深浅不同的花纹，故称雕漆。据清康熙年间人高士奇在其《金鳌退金笔记》中说：“朱漆三十六次。”当代工漆专家也说，这种雕漆工细者多至百层，所以可称为一种精细的工艺品。这种雕漆的历史比较悠久，按照曹昭《格古要论》中的说法，我国宋代已经有了这种精美的雕漆工艺品。但宋代实物未见流传，故其情形如何难以评说，元代的雕漆工艺品近年发现数件，件件制作精美。如故宫博物院所藏张成制作的剔红山水人物圆盒，杨茂制作的剔红花卉渣斗，张成制作的剔红花卉圆盘，以及安徽省博物馆收藏的张成制作的剔犀漆盒，1969 年在元大都后英房居住遗址中发现的螺钿漆器等。

雕漆

雕漆与景泰蓝、象牙雕刻、玉雕一起被誉为京城工艺“四大名旦”。2006年，雕漆被列为国家非物质文化遗产保护名录，进入被保护的范畴。

张成与杨茂，均为浙江嘉兴人，元代著名的雕漆工艺家。清康熙时《嘉兴府志》记载：“元时张成与同里杨茂，俱善髹漆剔红器。明永乐时，琉球购得以献于朝，成祖闻而召之，时二人已殁，其子（张成子）德刚能继父业，随召至京，面试称旨，即授营缮所副，复其家。”可知元代漆器工艺已取得了很高的成就，并影响到了明代。明初的剔红漆器就是继承了元代的优良传统。

杨茂制作的剔红花卉渣斗，以土黄色罩漆为地，用朱红罩漆堆起，约有 50 道左右的漆层，雕成秋葵、山茶纹样，底和里面用的是数道纯黑色退光漆，底部近边处有针刻的“杨茂造”字款。此器用朱不厚，底部和里面满布所谓“牛毛断文”。元大都遗址发现的螺钿漆器，是平脱的薄螺钿漆器，现存大量这种漆器均为明代作品，此还是元作品的首次发现。这件圆形漆器出土时已残破，但仍五彩斑斓，嵌片精细。其直径为 37 厘米，胎用 1—1.5 毫米的木片做骨，在骨上敷漆灰，将螺钿片直接嵌于漆灰之上，然后涂漆再磨，显出螺钿，使螺钿片与漆面相平，最后刻画细致纹锦。这种螺钿片用盘大鲍或杂色鲍的壳，依其呈现的光泽，截磨成各种不同的小片，组成一幅以“广寒宫”为背景的图画。此物属平脱薄螺钿漆器，全部用片嵌，不论其精密细致的技法，或是随彩而施缀的艺术效果，均达到了很高的水平[①]。

① 中国科学院考古研究所、北京市文物管理处元大都考古队.元大都的勘查和发掘［J］.考古，1972（1）.

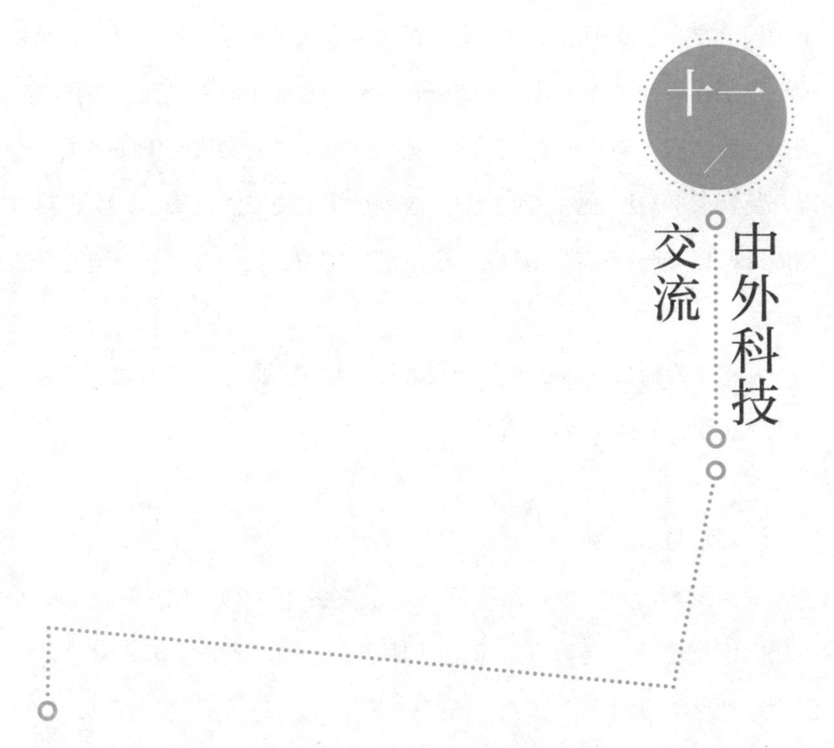

十一、中外科技交流

13世纪蒙古族的兴起及元朝的建立，揭开了我国中外交流史上重要的一页。成吉思汗及其继承者建立了历史上前所未有的庞大帝国，从太平洋西岸直到黑海之滨，欧亚大陆的大部分地区都处于蒙古汗国及元朝的统辖之下，从前的疆域界限尽被扫除。在这空前辽阔的帝国疆域内，元朝与其各大汗国如钦察汗国、伊利汗国等都建立了完善的驿站系统。从元大都或中国其他城市到中亚、波斯、黑海及黑海之北的钦察草原与俄罗斯、小亚细亚各地，都有驿道相通。元人形容其时交通之方便说“适千里者如在户庭，之万里者如出邻家”。其间窝阔台汗时期的和林与世祖忽必烈时的大都则处于这一国际交通网的中心。据有关史料记载，当时的和林城中，不但有畏兀儿人、波斯人，而且有匈牙利人、弗来曼人、俄罗斯人，甚至还有英国人和法国人。世祖忽必烈定都大都后，大都城里也聚集了来自亚、欧各地的贵胄、官吏、传教士、天文学家、阴阳家、建筑师、医生、商人、工程技术人员，以及乐师、美工和舞蹈家等。其中元政府允许和鼓励各国商人经商，进行国际贸易，蒙古贵族还利用商人为之牟利，并给予种种特权，因而各国商人来元朝者极多。正是在这种空前开放的经济文化交流格局中，中华科技与域外科技交流得以空前活跃，形成了中国历史上中外科技交流的极盛时代。

元代中外科技交流主要在天文历法、数学、医药学、地理学、建筑学，以及手工业技术等方面展开。

（一）天文历法交流

蒙古统治者对天文历法很重视，早在蒙古汗国时期就采用了金人赵知微所重修的《大明历》。但《大明历》也有其不足，因为它是以中国中原地区为标准而测算的，所以在其他地区就会出现误差。如 1220 年 5 月蒙古军西征至撒马尔罕（寻斯干城），撒马尔罕天文学家报告将有月蚀发生，随军中国历法家耶律楚材持否定态度，结果月蚀真未发生。又一次，耶律楚材报告说 1221 年 10 月某日要发生月蚀，而撒马尔罕天文学家又说不会，结果还是发生了。不过，虽然日子说对了，但原说子时达高峰，可初更时就出现了，反映出中国历法测算也有不足。

这件事引起了善于吸收国外先进知识的耶律楚材的重视和思考。他受回历中朴素的地球经度概念的启发，发现了地上的距离与历法的推算有直接关系。他失误的原因是由于所依据的《大明历》系以中原为测算基准，在西域就会有误差。这就是他所创的“里差”概念的根据。进而他以《大明历》为基础，结合里差法，以撒马尔罕为标准，按经纬度不同，以差距乘4359，取得里差，用来加减经朔弦望小余，“满与不足，进退大余，即中朔弦望日及余，以东则加之，以西则减之”，编订了一部新的历法《西征庚午元历》。另外，据宋子贞《耶律楚材神道碑》记载，耶律楚材曾将西域历法介绍到中国，编了一部《麻答巴历》（见《元文类》卷五十七）。此历可能是参考了欧麦·卡雅（1048—1124）在内沙布尔天文台编制的哲拉里历，这种历法要经5000年才相差一日，比格里高利历积3330年相差一日更为精密，后来扎马鲁丁所进万年历大约也是这种经过改良的波斯历。

耶律楚材编历受到了阿拉伯历法的影响，丰富了中国的天文历法学，是为蒙古汗国时期阿拉伯天文历法对中国天文历法的影响。

到了元朝，蒙古统治者对西域阿拉伯天文历法更为重视，世祖忽必烈在即位之前就曾下令征召“星学者”，天文学家扎马鲁丁等应召东来。世祖中统年间（1260—1264），元政府设立了西域星历之司。至元四年（1267），扎马鲁丁撰进《万年历》，忽必烈下令予以颁行。同年，扎马鲁丁制造了七件“西域仪象”，即七件阿拉伯式的天文仪器，有浑天仪、方位仪、斜纬仪、平纬仪、天球仪、地球仪、观象仪等。这些仪器有的是第一次在中国出现，开拓了中国学者的眼界。

元秘书监中收藏了大批西域书籍。据元人王士点、商企翁所编纂的《秘书监志》卷九“书籍”条载：世祖至元十年（1273）十月，北司天台收藏的波斯文、阿拉伯文书籍总计有23种，其中天文、历法、算学、占星书14种。天文著作以《麦者思的造司天仪式》（十五部）与《积尺诸家历》（四十八部）最为重要。《麦者思的造司天仪式》是古希腊天文学家托勒密的名著《行星体系》（或名《天文大集》，*Almagest*）的阿拉伯文节译本，取名《行星体系萃编》。“积尺”是波斯语“天文表”的音译，《积尺诸家历》可能是《伊利汗天文表》的汉译本。此表于1272年完成，由于也有中国天文学家参加工作，所以很快传到了中国。

在元朝，大批阿拉伯天文历法书籍及天文历法学家进入中国，对中国天文历法产生了积极的影响。如郭守敬著《五星细行考》(50卷)，就吸收了五星纬度计算法。这种计算法比较严密，郭守敬在编制《授时历》时当也作为一种参考系数。另外郭守敬在恒星观测方面开始编星表，也受到了撒马尔罕和马格拉天文台的启发。郭守敬测量二十八宿杂座诸星入宿去极度，编制了星表，又将前人未命名的1464颗星以外的无名星编为星表，这些都是我国在天文观测方面的开创性工作。郭守敬设计制造的13种天文仪器，不仅总数上与马拉格天文台的仪器相等，而且功能方面也颇多近似。如其中的玲珑仪、浑仪、浑天象、立运仪、候极仪及简仪，分别与马拉格天文台的同类仪器如象限仪、浑天仪、天球仪、希巴库经纬仪、二至仪、黄赤道转换仪的功用相仿。郭守敬在设计制造这些天文仪器时，受到比他早出现的马拉格仪器的启发，经过改进创造，制造出的新仪器比其更适用、更先进。明代大批吸收阿拉伯天文历法学，应该说是在元代基础上的继续与发展。

元代是我国天文历法发展的高峰期，当时在世界范围也处于领先地位，所以，中国先进的天文历法理所当然对阿拉伯诸国的天文历法也产生了明显的影响。如前述耶律楚材与撒马尔罕天文学家关于天文历法的讨论，使西域的天文学家对中国天文历法有了了解。中国天文学家在预测日月食、观测恒星方面都处于领先地位，其严密的计算使对方折服。另外，中亚马拉格天文台在编制《伊利汗天文表》时，由中国天文历算学家与波斯、阿拉伯学者共同研讨编制，其中明显吸收了中国天文历法的成果，成为此表的重要内容。还有曾主持撒马尔罕天文台的著名阿拉伯天文学家和数学家阿尔·卡西(al-kashī，？—1436)，非常精通中国天文历法。他于15世纪初年编制的著名的《兀鲁伯星表》四卷，

第一卷就论述了中国历法年置闰的原理。此历曾广泛流传于亚洲、欧洲等地，将中国历法的先进之处传播至他乡。

（二）数学交流

13 世纪是中国数学发展的高峰期，涌现出了一批著名数学家及其著作。其中元初的李冶和宋末的秦九韶，与德国的内摩拉里、意大利的斐波那契、摩洛哥的哈桑·马拉喀什，被誉为 13 世纪世界五大数学家。中国数学史上的这些辉煌成绩亦吸收了阿拉伯的代数、历算、几何的一些成果。

阿拉伯数码字在元朝由于司天台的使用，渐入中国数学界和社会。1957 年春，我国考古工作者在西安城东北 3 公里处的元代安西王府故宫殿遗址的夯土台基中，发现了五块铁铸的阿拉伯数码幻方。幻方也叫纵横图，是 n^2 的方格数字组合，是数学中组合分析的一支。在阿拉伯文化传统中，幻方被认为可以辟邪，常常被置放在重要建筑物的地基中。埋入元安西王府台基中的是六六幻方，纵横斜六个数字相加都是 11，如图：

原件数码

今用数码

28	4	3	31	35	10
36	18	21	24	11	1
7	23	12	17	22	30
8	13	26	19	16	29
5	20	15	14	25	32
27	33	34	6	2	9

据考证，安西王府的奠基年代是 1273 年，这些幻方的发现表明，此时阿拉伯数码已经比较系统地传入中国。另外，中世纪初，印度、阿拉伯数码都已用〇表示空位，在此表示法影响下，宋元之际中国数学家也使用空位的零号。如李冶在所著的《测圆海镜》与《益古演段》里，就以

〇代替唐宋时的用囗表示空位的办法。

元代时，古希腊数学家欧几里得的《几何原本》也通过阿拉伯算学著作的介绍传到中国，成了元代数学家研究的命题和解算理论。《多桑蒙古史》和拉施特的《史集》里记载了蒙哥有关于欧几里得《几何原本》解说的若干图式。蒙哥所依据的《几何原本》本，可能是波斯天文学家纳速拉丁·杜西来华后修订的版本。元秘书监在1273年收藏的书籍中有《兀忽烈的四擘算法段数》（十五部），“兀忽烈的”便是当时欧几里得的译名，四擘是阿拉伯文算学（Hisāb）意。这是欧几里得的《几何原本》第一次传入中国，并得到中国知识分子的研究，比1605年利马窦口授、徐光启笔录《几何原本》早300多年。

元秘书监所藏数学著作，除《兀忽烈的四擘算法段数》外，还有《罕里连窟允解算法段目》、《撒唯那罕答昔牙诸船算法段目并仪式》（十七部）、《呵些必牙诸般算法》（八部）等。《罕里连窟允解算法段目》（三部）是摩洛哥数学家哈桑·马拉喀什（al-Hasanal-marrākushī）所著的中世纪著名的天文数学著作；《撒唯那罕答昔牙诸般算法段目并仪式》为12世纪希伯来天文学家亚伯拉罕·巴·海雅·哈–纳希（Abraham bar Hiyya ha-Nasi）所作，其中《算法段目》部分是他写的《实用几何》，《仪式》部分是他的历算论文《推步术》；《呵些必牙诸般算法》是9世纪阿拉伯大数学家穆罕默德·伊本·穆萨·阿尔·花剌子密的名著《积分和方程计算法》。这些阿拉伯数学名著大量传入中国，并有阿拉伯数学家在具体演示，对于推动中国数学和历算的进步肯定会产生积极作用。

元代著名天文学家郭守敬在计算编制《授时历》时，应用球面割圆术。此术是中国传统计算法基础上的创新。中国历代天文计算不用球面三角法，黄赤道都用二次差的内插法进行近似计算，郭守敬引用了这种新的割圆术。另外，郭守敬还受哈桑·马拉喀什允解算法的启发，在计算赤道密度和赤道内外度时，开始应用算弧三角法。

中国数学的伟大成就也传入了阿拉伯及亚洲其他国家。印度人在沙盘中利用位置制数码进行四则运算，其运算方法就与中国筹算法大致相似，分数的表示和四则运算也和中国分数算法相同。这种方法还通过印度陆续传入伊斯兰国家。9 世纪阿拉伯数学家阿尔·花剌子密的著作中有中国公元 1 世纪出现的《九章算术》中“盈不足”问题的论述，后来这种算法长期流传在阿拉伯数学界。直到 15 世纪阿拉伯数学家阿尔·卡西的《算术之钥》中，这种“盈不足数”被称为“契丹算法”（al-khattaa-yn），可知宋元时期又进一步传入伊斯兰国家。阿尔·卡西对中国数学非常熟悉，他的《算术之钥》中关于四则运算、开平方、开立方，以及他介绍的开任意高次幂的方法，与宋元中国数学家秦九韶、朱世杰等人的论述多所相近。另外，杨辉在元世祖至元十二年（1275）著成的《续古摘奇算法》中，根据中国古代的九宫纵横图，仿制成四行、五行、六行、七行、八行、九行、十行的纵横图。这些纵横图传入阿拉伯国家，又经阿拉伯数学家发挥，发展成为阿拉伯国家的“格子算”。此算法把被乘数按格记入右行，乘数记入上行，以乘数每位数字依次乘被乘数，所得数据记入相应的格子，最后按斜行相加，便是所求的数字。阿尔·卡西《算术之钥》中的某些算法就与此算法相同。

（三）医药学交流

中国与阿拉伯国家及波斯的古代医学都很发达，很早就互相进行着交流。到了元代，中国人与波斯人、阿拉伯人大批进入对方国家，使这种交流得到了更大的发展。

蒙古汗国时期，在汗廷中就有不少医生。如“于西域诸国语、星历、医药无不研习”的爱薛就曾到和林城充当拖雷（世祖忽必烈父）妻唆鲁禾帖尼的近侍，担任教士与侍医的职务。撒马尔罕名医撒必，也因治好了拖雷的病而当上了太医。世祖中统四年（1263），忽必烈命爱薛掌管西域星历、医药二司事，后在至元七年（1270）改置广惠寺“专掌修制御用药物及和剂”，并将爱薛在大都所设的“京师医学院”并入，仍命他掌管（《元史·爱薛传》）。

中国医学对波斯与阿拉伯国家也产生了明显影响。前述阿维森纳在其所著的《医经》中就广泛采用了中国的脉学。唐代孙思邈的《千金要方》在元代也被译成波斯文。仁宗皇庆二年（1313），著有《史集》的拉施特编纂了一部中国医学百科全书，取名为《伊利汗的中国科学宝藏》。此书涉及脉学、解剖学、胚胎学、妇科学、药物学等医学科目。其中提到了中国晋代名医王叔和（265—317）和他的《脉经》，并附有三张中国式的医学图片。一张图中画出八卦，并将它划成24等份，和昼夜相配，表示患者体温的升降；第二张图为内脏解剖图，画有心脏、横膈膜、肝脏和肾脏；第三张图以图示脉经。其图完全仿造中国医书。从拉施特此书中，可以看出中国医书和医疗方法传入阿拉伯诸国的情形。而且此书至今流传，是为中国医学与阿拉伯医学交流的典范。

（四）地理学交流

元代中外地理学交流的一个突出特点是由于中外人士互相来往的激增，出现了大批描写其所见所闻的游记性地理学著作。其中除中国人耶律楚材的《西游录》、李志常整理的《长春真人西游记》、周达观的《真腊风土记》和汪大渊的《岛夷志略》外（见本书第四章第五节），还有欧洲人马可·波罗的《马可·波罗游记》、柏朗嘉宾的《柏朗嘉宾蒙古行纪》、鲁布鲁克的《鲁布鲁克东行纪》、鄂多立克的《鄂多立克东游录》、乞剌可思·刚扎克赛的《海屯行纪》等。

1.《马可·波罗游记》

马可·波罗（Marco Polo，1254—1324），意大利威尼斯人，著名的旅行家。他的父亲、叔父曾经商至中国，奉元世祖忽必烈命出使罗马教廷。世祖至元八年（1271），他随父亲、叔父到元廷复命，由古丝绸之路东行，经叙利亚、伊朗，越中亚沙漠地带、帕米尔高原，过我国的喀什、于田、罗布泊、敦煌、玉门，至元十二年（1275）到达元上都。受到世祖忽必烈赏识，从此侨居中国17年，并代表元政府多次奉使中国各地，到过陕西、四川、云南、河南、江浙等行省数十城，又自称曾治理扬州三年。后获准回国，于至元二十八年（1291）随伊利汗阿鲁浑请婚使者护送伯岳吾氏女阔阔真去波斯，从泉州由海道西行，1295年回到威尼斯。次年，在参加威尼斯对热那亚的海战中被俘，居热那亚监狱，讲述其游历东方诸国见闻，同狱庇隆人思梯切诺（Rusticiano）笔录成书，即为《马可·波罗游记》。马可·波罗于1298年获释，后成为巨富。

《马可·波罗游记》描述了马可·波罗东行时沿途国家和地区的风土人情，记载了元朝初年的重大政治军事事件，以及大汗朝廷、宫殿、节日、游猎等情况，讲述了大都、西安、开封、南京、镇江、苏州、杭州、扬州、福州、泉州等各地各城繁荣兴旺景况，介绍了中国近邻国家如日本、缅甸、越南、老挝、暹罗（泰国）、爪哇、苏门答腊和印度等地的情况。

此书流传甚广，曾被译成多种文字出版，称为“世界一大奇书”，对欧洲人了解中国及东方作用极大。欧洲的地理学家曾根据它绘制了早期的《世界地图》。另据说，哥伦布发现美洲新大陆也是受到了此书的鼓舞和启发。哥伦布看到此书后，深为中国的文明富裕而激动，决心冒险东航到中国，并带了西班牙国王致中国皇帝的书信，只是航行失误到了美洲。此书还是研究我国元代历史地理的重要典籍，受到元史专家的高度重视。现有 1935 年冯承钧的汉译本流通较广。

2.《柏朗嘉宾蒙古行纪》

柏朗嘉宾（Jean de plan Carpin，1182—1252），意大利人，天主教方济各会的创建人之一，是最早来蒙古高原的罗马教皇使节。曾任德国、西班牙等教区大主教。1241 年蒙古军攻入匈牙利、波兰等地，欧洲震惊。1245 年，罗马教皇在德国里昂召集宗教大会，商讨对策，柏朗嘉宾被作为使臣先期派往蒙古，了解蒙古人的政治、军事、经济、宗教等情况，并携带教皇书信，劝说蒙古人停止杀掠和侵犯基督教国家。他从里昂出发，经孛烈儿（波兰）、斡罗思，于 1246 年 4 月抵也的里河（伏尔加河）畔，谒见拔都汗。拔都又命他前往觐见大汗。7 月，到达和林附近昔剌斡耳朵。8 月，参加了蒙古诸王大臣推举贵由为大汗的盛典。11 月，他带着贵由汗答教皇的诏书仍由陆路西归。1247 年秋回到里昂向教皇复命，并呈上贵由的诏书及他用拉丁文写的出使报告《蒙古史》。除了拉丁文版本，此报告还先后被译为德、英、俄、法等国文字并出版。1985 年，耿升、何高济将此书译为汉文时，按中国学者习惯译为《柏朗嘉宾蒙古行纪》。

《柏朗嘉宾蒙古行纪》以作者所见所闻为依据，具体生动地描述了 13 世纪蒙古族人民的社会经济、风俗习惯、政治宗教与蒙古军队的组织、武器、作战策略等情况，是研究早期蒙古史与东西历史地理交流的重要原始资料。

3.《鲁布鲁克东行纪》

鲁布鲁克（Guillaume de Rubruquis，1215—1270），法国人，

圣方济各会教士。与法国国王路易九世关系亲密，1253 年奉其命以传教为名前往蒙古地区了解情况，并伺机拉拢当地人加入其同盟。他从地中海阿克拉城（Acre）出发，渡过黑海，于同年秋到达伏尔加河畔，谒见拔都汗。12 月，又到达和林南汪吉河蒙哥冬营地。第二年 1 月觐见蒙哥，7 月带着蒙哥汗致路易九世的国书西归。1255 年回到地中海东岸。一年后，他用拉丁文写成给路易九世的报告《东方行纪》。1982 年，何高济将此报告汉译为《鲁布鲁克东行纪》，由中华书局出版。此书详细记述了 13 世纪蒙古族人民的衣食住行、风俗习惯、宗教信仰，以及沿途各地各国的山川河流等情况，与《柏朗嘉宾蒙古行纪》一样，是研究早期蒙古史、中世纪历史地理及中西交通史的重要参考资料。

4.《海屯行纪》

本书为小亚美尼亚国王海屯一世（Hethum I，1266—1269 年在位）的蒙古行纪。1244 年海屯归附蒙古，后奉拔都之命入朝，1254 年离其都城息思（今土耳其南科赞），先至拔都宫廷。5 月又东行，渡过押亦河（乌拉尔河）、也儿的石河（额尔齐斯河）进入蒙古，9 月抵蒙哥大汗宫廷。11 月西返归国。海屯一世口述其行程见闻，由亚美尼亚历史学家乞剌可思・刚札克赛（Kirakos Ganjakeci）记录载入其所著《亚美尼亚史》中。1981 年何高济将此部分汉译，由中华书局出版，名为《海屯行纪》。此行纪记有海屯沿途所经历的 50 余处山川城郭地名及其详细情况，以及蒙古汗廷情形，历来为研究蒙古史及中亚历史地理的学者所重视。

5.《鄂多立克东游录》

鄂多立克（Odoricode Pordenone，1274—1331），是仅次于马可・波罗的意大利著名旅行家，方济各会教士。他于 1316 年来东方传教，至伊利汗国都城帖必力思、孙丹尼牙，由于伊利汗国与察合台汗国开战，延滞游历了报达等地。后于1322年转海道，经印度、苏门答腊、爪哇、渤泥、占城诸国，抵中国广州。又经泉州、福州、扬州，由运河北上，于1325年到达元大都。在大都停留三年，曾参加宫廷庆典，以本教仪式为皇帝祈福。约1328年，改由陆路西归，游历于中国西部地区。1330年返抵威尼斯，寓居帕多瓦，叙述旅行见闻，由教友威廉用拉丁文记录成书。此书有拉丁文、意大利文、法文、德文等各种语言抄本达76种，1981年何高济据玉尔英译本汉译为《鄂多立克东游录》，由中华书局出版。其中记叙中国各地情况，远及西藏的天葬风俗等，特别是对大都及元朝的宫廷情况的描写更为详细，亦是研究中国元朝历史地理的重要参考书。

元时国外学者描写中国历史地理的书籍还有非洲著名旅行家、摩洛哥人伊本·白图泰（Ibn Battūta，1304—1377）的《伊本游记》，元末出使中国的罗马教皇使者马黎诺里（Giovanni dei Marignolli）的有关描写中国的书籍等。这些游记性的地理学著作，无疑加强了中外历史地理学的交流。

另外，中国传统的矩形网格绘图法也于中世纪后期传入西方各国。在此之前的中世纪，欧洲的制图学由定量制图退回到宗教寰宇观支配下，采用“寰宇图”制图法，整个世界被绘成一个圆盘，坐标完全被废弃，习称“轮形地图”。在8—11世纪，阿拉伯地图绘制也有此种倾向，趋于几何图形化。中国的网格制图学传入后，促使阿拉伯制图学重新走向网格化，并对欧洲实用航海图的广泛产生与应用起了促进作用。如莫斯塔非·卡兹维尼在1330年左右著的《编年史选》（Ta'rikh-I-Guzida）中，附有一幅网格式伊朗地图和画满网格的两幅圆盘形世界地图，画风与《元经世大典》如出一辙。意大利人马里努·萨努图

（Marino Sanuto）受伊朗的中国式网格绘图法的影响，在他 1306 年绘制的巴勒斯坦地图上，也有网格的画法，图上有经线28条，纬线83条。

元朝网格绘图法经由阿拉伯传入欧洲后，直接促进了欧洲诸国实用航海图的绘制。这种实用航海图上的刻度，是一种相互交织的罗盘方位线或斜驶线，斜驶线是由任意选定的不同地点的罗盘风力仪为中心向四方伸展出去的罗盘方位线，由于罗盘方位线或斜驶线的交错，便很自然地出现了矩形网格画法。在 1339 年由热那亚制图师安吉利诺・杜塞托绘制的航海图上，就可看到这种矩形网格的痕迹[①]。这对保障安全航行、促进海运事业起了积极的作用，也是元代中外地理学交流的结果。

（五）建筑学交流

元代随着大批阿拉伯人进入中国，其建筑技术也传了进来。元大都城的建设就有阿拉伯建筑师的贡献。元大都的主要设计者是刘秉忠，但负责具体施工的有也黑迭儿等。也黑迭儿是位热衷中国文化的出色的阿拉伯建筑师。曾任茶迭儿局董理，兼领监宫殿。至元三年十二月与光禄大夫张公柔、工部尚书段天佑同时主持工程，负责修造皇城。他对皇城的布局、建筑、苑囿等亲自擘画，颇多贡献。他的儿子马哈马沙也继承父业，掌管工部，为大都城建设出力不少。这些是阿拉伯建筑技术融入中国古代建筑的实例，其积极作用也可想而知。

阿拉伯建筑技术更多地体现在富有其民族特色的清真寺及民居建筑上。元代为了适应大批阿拉伯人的生活习俗，出现了不少清真寺。泉州就是伊斯兰教建筑比较多的城市之一。其城东南的清净寺初建于 1009 年，但在元代经过了大规模的整修重建，现存门楼和礼拜殿遗址。此

① 参见沈福伟《中西文化交流史》第五章。

门楼建筑式样是当时阿拉伯地区通行的寺院建筑，外形和蜘网状尖拱小宝盖石刻的连缀，都和12世纪以后阿勒颇、开罗、毕斯坦的寺院和陵殿相似。再如四明（今宁波）、扬州、西安等地在元代也建了不少清真寺。扬州清真寺又称仙鹤寺，于世祖至元十二年（1275）由普哈丁所建；西安清真寺在新兴坊街西，由陕西行省平章政事赛典赤赡思丁于中统四年（1263）所建。这些清真寺已与泉州清真寺及唐宋时的完全照搬阿拉伯建筑样式的清真寺不同，已进入伊斯兰教建筑与中国的传统建筑风格相结合，即穹顶圆形与中国庭院式相结合的阶段，为明清伊斯兰教建筑奠定了基础。元代在杭州还出现了阿拉伯风格的高层民居。如杭州城东荐桥西侧有高楼八间，俗称八间楼，就是富商的住宅。

元代印度、尼泊尔等佛教区国家的建筑技术也传入中国。尼泊尔建筑师阿尼哥曾于至元十五年（1278）升任大司徒，负责将作院事务。他在中国共主持营造了三座佛塔、九座大寺、二座祀祠和一座道宫。他把印度式的白塔传入了中国。他主持建造的大都妙应寺白塔，全塔共五层，由下往上，第一层方形表示地，第二层圆形表示水，第三层三角形表示火，第四层伞形表示气，第五层螺旋形表示生命的精华，这是以印度的一种宇宙观（地、水、火、气是万物的基础）作为建筑指导思想的。作为寺庙建筑的一部分，佛像建造也是阿尼哥所擅长。他塑造的梵式佛像分铜铸与泥塑两种，与原来中国的汉唐式佛像迥然不同，从元代起梵式佛像就逐渐取代了汉唐式佛像。阿尼哥还精于织像与铸造机械，"每有所成，巧妙臻极"，受到时人的高度赞扬。

（六）火炮术与陶瓷术的交流

1. 火炮术

我国发明的火药与火器，主要是在13—14世纪由西征蒙古军传到交战国家和地区的，后又由这些国家和地区继续西传。如 13 世纪中叶，旭烈兀西征阿拉伯国家时，蒙哥汗征集了 1000 多名中国抛石机手、火炮手、弓弩手从军，并带去了大量的武器。当时中国的各种火器居世界领先地位，在攻打木剌夷诸堡、报达城以及叙利亚各地时，发挥了很大的威力。而阿拉伯人也正是在同蒙古军队交战中，获得了这些火器，并且由于当时阿拉伯的科学技术较发达，他们进行研究仿制，造出了木质火器“马达发”（Madfa，意为火器），这是外国人最早仿制的火器。当时蒙古军队与波兰人、斡罗斯人、日耳曼人、日本人交战时也使用了火器，但由于相关核心技术处于保密状态及其自身科学技术限制，他们未仿制成。

在火药与火器的制作方面，阿拉伯人对中国火器的仿造，已与中国初级火药、火器的制作方法相似。如其对硝石采取溶解、过滤、沉淀、结晶等方法进行提纯，在拌和药料时加入适量的油料，将拌和好的火药成品装入管形容器苇管和纸筒中，在管（筒）的前端安放弹丸，后部留有小孔，成为粗短型或细长型的初级火器。在此基础上，阿拉伯人仿制成了类似中国突火枪的木质管形射击火器——马达发。据史料记载，马达发以木管为枪筒。尾部插有长木柄，管中装填粉状火药，木质管壁上有一小圆孔以发射弹丸。日本火器史研究者有马成甫说，“阿拉伯人的火器马达发，与中国金军所用的飞火枪、南宋研制的突火枪，同属管形火器。其区别在于飞火枪用纸筒、突火枪用竹筒、马达发用木筒做枪筒”，学习借鉴关系很明显[1]。

阿拉伯人研制成马达发后，曾用于与欧洲人的作战。1325 年，他们使用马达发进攻西班牙的巴扎城，大胜而归，并将马达发这种火炮技

① 王兆春：《中国火器史》，军事科学出版社，1991 年：第 42 页。

术也带到了西班牙。随后，西班牙又将马达发的使用制造技术传到了西欧。欧洲人于是以马达发为模式，仿造研制出欧洲最早的管形射击火器“手持枪”（handgun）。这使欧洲的作战方法产生了巨大变化，并对欧洲近代社会的变革和科学的兴盛以至人类文明的进步也产生了较为明显的影响。日本京都大学名誉教授薮内清于1982年5月高度评价了中国火药西传的历史作用。他认为，火药等中国四大发明的西传，都是在欧洲文艺复兴运动之前；没有中国四大发明的西传，就没有欧洲文艺复兴运动，也就没有欧洲的近代化，这个观点得到许多欧洲人的认同。

2. 陶瓷术

陶瓷制品是中国元代对外贸易出口的重要商品之一。据史书记载，元代陶瓷曾随着庞大的海陆商队出口至阿拉伯、非洲、东南亚地区，以及印度、日本、朝鲜诸国。

元朝时非洲著名旅行家、曾到过中国的摩洛哥人伊本·白图泰，在其所著游记里曾记载了元朝与海外各国贸易往来的情况。据他说，中国的瓷器非常精美，经印度及阿拉伯地区运销至其他海外国家，并转销到他的故乡摩洛哥。考古资料也表明，在亚丁，在东非海岸各港口，在埃扎卜，在开罗，在摩洛哥，均发现了大量中国元代的瓷器及碎片。元代青花瓷是传世珍品，在开罗南郊的福斯塔特城遗址，就发现了这种青花瓷碎片达数百件。东非人喜欢把中国的瓷碟、瓷盘和瓷碗镶嵌在建筑物上作为装饰品。

元代瓷器销往东南亚诸国的也不在少数。考古资料表明，在今马来西亚、印度尼西亚、菲律宾等东南亚国家均有中国元瓷发现。1958—1959年期间，考古学家在菲律宾巴坦加省卡拉塔甘半岛的诸贝遗址开掘了609座坟墓，得到完整的瓷器共约1200件，其中92%是碗和碟。中国瓷器又占85%，泰国瓷器占13%，越南瓷器占2%。研究者认为，中国瓷器中大部分是元瓷。另汪大渊《岛夷志略》里也提到向菲律宾、苏禄、加里曼丹、爪哇、苏门答腊、占城、交趾、真腊、缅甸、马来半岛等许多国家和地区运销元瓷的情况。这些瓷器主要是青瓷、白瓷、青花瓷等。

元代朝廷虽然与日本数次开战，两国间关系不是很融洽，但互相贸易并未受多大影响。日本商船和中国商船都运载了大批瓷器去日本经销。1976 年在韩国全罗南道新安海域发现和打捞的一条海底沉船，就是从中国海域开出路经高丽的一大商船。据考证，此沉船的形制和大小与元代二千料左右的海舶船一致。其遇难时间大约在 1320 至 1330 年间。其实物有青瓷 3406 件、白瓷 2281 件、其他瓷器 770 件、金属器物 230 件、铜钱 33 包（计 106000 枚）。这说明元代中日贸易的活跃，其中又以瓷器贸易为主。

中国元瓷这样大批量地出口，说明这些被出口国家、地区人民对中国元瓷的喜爱。他们不仅将其作为宫廷御用和富庶人家珍藏，还有一些奇特用途。如除用作建筑物装饰外，还用作随葬、祭祀、欢度节日，以及标榜权力与财富等。

正是由于他们这样喜爱中国瓷器，所以他们进行了仿制。据说东南亚的暹国（泰国）国王敢木丁于元成宗大德四年（1300）第二次访问中国时，曾带了不少中国陶瓷工匠回去，因而开创了暹国的陶瓷业。据近代学者研究，速古台（宋加洛）等地的瓷窑遗迹历史悠久，所发现的大批古代瓷器多与宋元时代的中国瓷器相同。只是这些瓷器的图案改为象、鱼等动物，具有其本国特色，但颜色仍仿青瓷。[①] 可知暹国的陶瓷制造技术是在元代从中国传入的。另外，埃及在元代时也大量仿制青花瓷。

① 参见陈序经《掸泰古史初稿》，1962 年内部版，第 172 页。

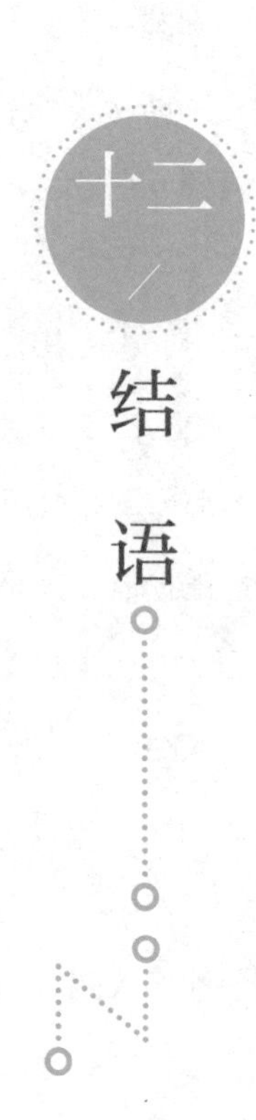

十二 结语

元朝是中国漫长封建社会中的一个很重要且很有特色的朝代。过去的一些史学工作者过多地渲染其腐朽、黑暗、残暴面，将其说得一无是处，这是不恰当的。固然，元朝作为一个封建王朝，存在着不少腐朽黑暗面，对这一点我们要有清醒的认识，但由于它作为中国几千年封建社会的一环，它在政治制度和经济制度方面继承了前朝传统，所以它所存在的弊病，其他朝代也有，我们不能以偏概全，也要看到其进步面。如人们习惯提及的蒙古统治者围地放牧，那实际上是蒙古汗国初期的局部之事，进入元朝后已及时得到了纠正，统治者还鼓励垦荒种地，发展农业生产。说元朝不进行科举考试，使知识分子沦为下层，没有出路，也不够全面。元朝初期，蒙古统治者就学习汉法进行灵活的考试选材，并重用知识分子，给予豁免身役，仁宗延祐年间更是作为定制，按期进行科举考试。所以，对于元代这一少数民族入主中原所建立的王朝，要给予客观公正的评价。

从科学技术史这一角度来看，元朝为科技发展提供了良好的条件。首先，元朝社会政治经济的发展，城市的繁荣，为科技发展提供了物质保证；其次，元朝统治者继承了前代的优良传统，加之对科技发展比较重视，从科技本身的延续性和组织保证方面促进了科技进步；另外，元朝疆域的空前扩大、交通的发达、中外经济文化交流的空前展开等，为科技的发展提供了一个很好的客观环境。这最后一点是元朝科技发展的一个极为重要的特色，与此前历朝历代不同。事实证明，不管任何国家、任何朝代，要想发展进步，没有一个与外部世界交流的环境是不行的，封闭没有出路。同时，元朝国内各民族大交流、大融合，西藏第一次划入我国版图，云南等边远地区再也没有脱离中央王朝的统治，加之元朝统治者本身就是少数民族，对少数民族的作用非常重视，大量少数民族科技人才及其成果的加入，为中华科技的发展起了推动与丰富的作用，这些时至今日仍有一定的现实意义。

正是由于具备了以上条件，元朝在科学技术方面取得了长足进步，某些方面达到了中国古代科技史上的高峰期，甚至在世界范围也居于领先地位，如天文历法、数学、手工业及医药学等。天文历法方面的历法编制测算、恒星及天象观测、天文仪器制造；数学方面的天元术、四元术的提出与解决；手工业方面的火炮术、纺织术、制瓷术；医药学方面的医学流派形成及其成果等。并且许多科技成果对我国明清的科技发展亦产生了重要的影响作用。如珠算在元朝已有一定程度的普及，到了明清又得到长足发展，以至今天仍为一种重要运算工具；郭守敬等人编制的《授时历》是明清制定历法的重要参考依据；医学方面“金元四大家”的理论及其成果为明清中医学的发展提供了宝贵的理论参考和临床经验；远洋航海技术为明代郑和七下西洋提供了可靠的物质技术保证；中外科技交流和国内各民族科技交流的空前活跃，为明清科技交流开了一个很好的先河；等等。可以说，元代科技成就是中国科技史上的重要一环，它起了重要的承上启下的作用，要研究了解我国明清科技及整个中国科技史，元朝这一重要环节是不容忽视的。

元朝立国时间不算长，但它在科学技术方面取得如此丰硕的成果，这值得引起我们的高度重视，并深入探讨其中缘由。本书由于受作者水平及篇幅的限制，只是大致勾勒出了其概貌，更进一步的深入研究，还有待于专家学者来共同完成。如此本书的抛砖引玉作用也就起到了。